Historien om populära samtida uppfinningar

Laserpekare

Historien om laserpekare är nära knuten till det av
lasern. Även om det var Albert Einstein som utvecklade
den grundläggande teorin för lasrar i början av 20-talet, är det
svårt att sätta fingret på exakt vem som var ansvarig för
uppfinningen av den första arbetslaser. Medan Theodore
Maiman är allmänt krediteras med att skapa den första lasern i
1960, finns det ytterligare tre forskare-Charles Townes,
Arthur Schaw ow och Gordon Gould-som också brottas
för samma ära. Gould fick patent på sin
uppfinning 1977, 20 år efter hans första arbete, men genom att
tids många grupper redan använde hans uppfinning.
Två amerikanska grupper krediteras med uppfinningen av
halvledarlaser 1962, en under ledning av Robert N. Hall
vid General Electric forskningscentrum, och den andra av
Marshall Nathan på IBM T. J. Watson Research Center.

Men laserpekare blev bara praktiskt 1970

tack vare det arbete som Herbert Kroemer av Förenta

Staterna, Zhores Alferov av Sovjetunionen och deras

medarbetare. År 2000 Kroemer och Alferov fick

Nobelpriset i fysik för sin uppfinning.

En halvledarlaser, en typ av halvledardiod,

hänvisas även till såsom en diodlaser. Dioder är kapabla

av att passera elektricitet i en riktning och laserdioder

kan producera ljus lätt när elektricitet passerar genom

dem. Sådana diodlasrar kräver skydd från makten

överspänningar och temperaturförändringar. En strömstyrkrets

används för att förhindra dioden från att ta emot för mycket

eller för lite makt, och en plastväska kan skydda den från

temperaturen varianser.

Halvledarlasrar använda material som liknar de i

transistorer och integrerade kretsar i syfte att skapa en

lasrande mediet. Tidig halvledarlasrar (1950) kunde

endast producera icke-synlig infraröd strålning. Sedan dess

halvledarelektronik har inte bara blivit mer

billigt att framställa, har de också blivit mindre

i storlek och har en tendens att kräva mindre energi. De kan också

producera synligt ljus som rött är den minst kostsamma och

blått, violett och grönt är några av de dyrare

varianter. Som ett resultat av 1980-talet, halvledarlasrar

blev tillräckligt billig för att användas i konsumentelektronik enheter som laserpekare.

Massive förbättringar i teknik och en hög efterfrågan

har bidragit till att få ner priset för laserpekare

från hundratals dollar till under fem dollar för

de flesta billiga typer. Många produkter som barns

leksaker, vaper och projektorer införliva laserpekare.

RULERS

En linjal, även hänvisad till som en linje mätare eller regeln, är ett

anordning som används i teknisk ritning, geometri, teknik,

arkitektur, och skriva ut för att rita raka linjer, mått

avstånd, och som en styrning för exakt kapning.

Homo sapiens har använt härskare sedan antiken. Medan

äldsta härskare var gjorda av trä, arkeologer har

hittade som är gjorda av elfenben som användes före 1500 f.Kr.

från Indusdalen civilisationen. En sådan härskare har varit

upptäcktes bland utgrävningarna vid Lothal och har varit

dateras ända tillbaka till 2400 f Kr. Man tror att detta

linjal är uppdelad i enheter vardera mäter 1.32 inches,

märkt i decima underavdelningar med häpnadsväckande precision

(Med en noggrannhet på 0,005 inches). Antika tegelstenar finns i hela

regionen har dimensioner som matchar dessa enheter.

Tysk industriman Anton Ullrich krediteras med

uppfinning av tumstock 1851. År 1887 erhöll han

ett patent för fjäderdrivna gångjärn som används i hans

uppfinning. Företaget grundade han existerar fortfarande. Faktum är att det

tillverkar en rad olika mätinstrument inom

firmanamnet "Stabila".

Men linjaler inte alltid av trä eller elfenben. De

har också gjort av plast och metall. Och någonsin

sedan upptäckten av plast, linjaler tillverkade av detta material

har vunnit ryktbarhet som de lätt kan formas

med markeringarna i stället för att skrivas på. I dag

metall är oftast begränsad till härskare som används i verkstäder, eller

inbäddad i en linjal som används för linjär

skärning bevara dess kanter.

Desk linjaler används primärt för att rita raka linjer, till

mäta avstånd, eller för att fungera som en guide för att skära längs

en linje. Dessa typer av härskare har distans-markeringar längs

deras kanter. Å andra sidan, är en linje mätare som används i

grafiska industrin, som använder agat, pica, poäng och inches

som dess måttenhet. Dessutom är vissa mätare kan

också innehålla prover av linjebredder i flera punktstorlekar.

Andra mätinstrument såsom fällbara härskare som används av

snickare och måttband av metall, är tillverkade

portabel genom vikning eller tillbakadragning in i en spole. Skräddaren

vävtejp är en annan flexibel längd-mätanordning

som är kalibrerad i centimeter och inches. Det används för

göra linjära mätningar samt för att mäta

runt ett fast föremål, t.ex. en persons midjemått.

En sammandragning linjal, även känd som en krymps linjal, är ett
mätanordning som har större divisioner än standard
enheter för att kompensera för krympning under metallgjutning.

Gradskivor

I geometri, är en gradskiva en fyrkantig, rund eller
halvcirkelformade verktyg gjord av transparent Perspex
och användes för att mäta vinklar. Måttenheten
är normalt grader av en båge. De används för en mängd olika
av mekaniska och ingenjörsmässiga tillämpningar,
men kanske deras vanligaste användningen är i geometrin
lektioner i skolan. Medan vissa gradskivor är enkla
halv-skivor, mer avancerade gradskivor, såsom avfasning
gradskiva, har en eller två svängarmar används för att hjälpa
mäta vinkeln.

Den enkla, halv skiva gradskiva är en gammal enhet, dejta
tillbaka flera tusen år. Även om det antas att den
riktiga uppfinnare har gått förlorad i sanden av tid, år 2011 en
spännande möjlighet uppdagades. En egyptisk arkitekt
namngav Kha hade hjälpt till att bygga pharaohs gravar under
den 18: e egyptiska dynastin, omkring 1400 f Kr. År 1906, hans

egen grav upptäcktes intakt genom arkeolog Ernesto

Schiaparelli i Deir-al-Medina, nära Valley of the

Kings i Thebe, Egypten. Bland Kha tillhörigheter var

upptäckt mätinstrument inklusive aln stavar,

en anordning för nivåreglering som liknar en modern vinkelhake,

och vad som verkade vara ett egendomligt formade tom trä

skift med ett ledat lock. Schiaparelli tyckte det senaste objektet

höll ett avvägningsinstrument. Museet i Turin,

Italien, där objekten är nu utställda, identifierade

trälådan som i fallet med en balanserande skala.

Men Amelia Sparavigna, en fysiker i Turin Polytechnic,

föreslog att det var en helt annan arkitektonisk

verktyg - en gradskiva. Nyckeln, sade hon, låg i siffrorna

kodad i objektets utsirad dekoration, som liknar

en kompassros med 16 jämnt fördelade kronblad omgivna

av en cirkulär sicksack med 36 hörn. Sparavigna pågick

att konstatera att om den raka bar av objektet lades på

en sluttning, skulle ett lod avslöja dess lutning på

cirkulär ratten. Men många arkeologer är skeptiska

av denna teori och hävdar att träföremål är

helt enkelt en dekorativ fall.

Den första komplexa gradskiva har utformats för att markera det

ställning av en båt på sjökort. Kallade en threearm

gradskiva eller stations pekare, var det uppfanns år 1801

av Joseph Huddart, en engelsk sjö-kapten. Centret

armen är fixerad, medan den yttre två är roterbara, med möjlighet till

sätts i valfri vinkel i förhållande till centrum en.

RITNING KOMPASSER

En kompass eller passare är en teknisk ritning

instrument bekant för varje elev. Det används i

skola i geometriklasser för att hjälpa till att dra perfekt

cirklar och bågar. Den kan också användas på samma sätt ett par av avdelare

för att mäta avstånd, speciellt på kartor.

Människan har känt och använt kompasser sedan urminnes tider.

Faktum är att de gamla grekerna använde dem som grundläggande undervisning

verktyg. Alla satser i Euklides bevisades med enbart

två dragningsinstrument: en passare och linjal

med en rak kant. Den grundläggande formen av kompassen har

inte förändrats mycket sedan dess, men stål och plast

har till stor del ersatt sin ursprungliga byggmaterial,

vanligtvis mässing. I vissa medeltida europeiska målningar,

kompassen är även används som en symbol för Guds ursprungliga

skapelseakt, dvs Genesis.

År 1606, den berömda italienska vetenskapsmannen Galileo Galilei publicerade

en avhandling tillägnad kompassen, med rubriken "Le operazioni del

Compasso geometrico et militare "(Driften av geometriska

och militära kompasser). Han lade till en graderad skala för ritning kompass och använde den för att demonstrera den grafiska

beräkning av effektiv ränta och andra funktioner.

Den mest kända litterära användning av passare visas i A

Valediction: Förbjuder Mourning, skriven av John Donne,

1611. Berättaren använder kompassen som en metafor för

uttrycker styrkan i andlig kärlek. Han jämför sin

älskare till den fasta foten av kompass och sig själv till

annan fritt rörliga fot:

Om de är två, de två så

Som styva dubbla kompasser är två;

Din själ, den fix'd foten, gör ingen show

Om du vill flytta, men doth, om th "andra gör.

Och även om det i mitten sitter,

Men när den andra långt doth roam,

Det lutar, och hearkens efter det,

Och växer upprätt, eftersom det kommer hem.

Sådant skall du vara med mig, som måste,

Liksom th "andra foten, snett kör;

Din fasthet gör min cirkel precis,

Och får mig att sluta där jag började.

Visste du att?

Den officiella vapenskölden av den tidigare landet av East

Tyskland presenterade en hammare och en kompass som omges

genom en ring av råg. Dessa objekt representerade arbetare,

intellektuella, och bönder, respektive.

Kulspetspennor

Kulspetspennor använder trögflytande bläck som fördelas av
rullande verkar hos en liten kula placerad vid spetsen av pennan.
Bollen, vanligtvis från 0,5 mm till 1,2 mm i diameter, kan
vara gjord av mässing, stål, volframkarbid, eller någon annan
slitstarkt material.

Tidiga versioner av kulspetspennan patenterades flera
gånger, men var aldrig kommersiellt framgångsrika. Den första
patent utfärdades den 30 oktober 1888, till John Loud, en
läder garvare. Idén kom till Loud när han försökte
att skriva på sina produkter och han kunde hitta någon fontän
penna som skulle skriva på läder. Högt penna hade en liten
roterande stålkula, som hålls på plats av en hylsa. Men detta
penna aldrig tillverkats. Var inte heller någon av de andra
350 patent för boll-typ pennor utfärdats under de närmaste 50
år. Det stora problemet var bläck-pennor läckt
med tunt bläck, och igensatta med tjockt bläck. Beroende på
temperaturen skulle pennan ibland göra båda.

László Bíró, en ungersk tidningsredaktör, var frustrerad
efter den tid som han spillo i fylla upp fontän
pennor och sanering fläckar på sidorna. Han märkte att
bläck som används i tidningstryck torkade snabbt, lämnar
papperet torr och fri från fläckar, och bestämde sig för att skapa
en penna som använt den. Emellertid den viskösa bläcket skulle inte

strömma in i en reservoarpennspets, så Bíró, med hjälp av

hans bror György, (re) uppfann kulspetspennan och

patenterade den 1938. Tidigare pennor hade berott på allvar

för att leverera bläck till bollen, vilket orsakade svårigheter

med flödet och krävde att pennan hålls nästan

vertikalt. Den Biro penna används kapillärkraft och en kolv

som trycksatt bläck kolumnen, lösa dessa problem.

Britterna fann att Biros inte läcka på hög höjd,

till skillnad från reservoarpennor. Så de licensierade denna nya design och

den Biro kulspetspenna var snart vara massproducerade för

Royal Air Force.

Mycket snart andra företag startade också tillverkning

kulspetspennor. Men alla av dem fortfarande inför många problem.

Ibland pennorna skulle läcka, sudda papperet, eller

inte skriva smidigt. Två män äntligen löst dessa frågor.

Den första var en amerikan vid namn Patrick J. Frawley Jr

År 1949 lanserade hans företag sin första kulspetspenna,

den "Paper Mate", vars försäljningsargument var det no-smear

bläck. Den andra var en fransman vid namn Marcel Bich,

som lanserade en tydlig pipig, slät-skrivande, nonleaky,

kulspets billig penna 1952 som han kallade

den kulpenna Bic. Den kulspetspenna hade äntligen blivit en

praktisk skrivredskap!

SAX

De första sax var förmodligen uppfanns omkring 1500
BC i forntida Egypten och Mesopotamien och sprids långsamt
genom resten av den antika världen genom handel och
utforskning. Dessa saxar var av den "våren sax"
sort, som består av två bronsblad är anslutna till
handtag av ett tunt, flexibelt band av krökta brons (den
stödpunkt) som höll bladen i linje, vilket gör
dem att pressas samman och dras isär när
frisläppas. Egyptiska brons sax i 3: e århundradet
BC är unika konstföremål. På varje blad har de
dekorativa manliga och kvinnliga figurer komplimanger varje
andra. Dessa bildas genom att fasta bitar av metall av en
annan färg nläggningar i brons.
Spring sax fortsatte att användas i Europa fram till
16-talet. Men i eller runt 100 AD, romerska hantverkare
utvecklade tvär blade sax, i vilken bladeedges
korsade och gled förbi varandra vid kapning. Den
looping stödjepunkt förblev stilla, så att saxen vilade
i ett öppet läge efter användning. Dessa blev vanliga
inte bara i antikens Rom, men också i Kina, Japan och
Korea. Medan korsblad idé används fortfarande i nästan
alla moderna saxar, endast ett fåtal sorter som grassedging
saxar behå la stödpunkten.

Vid någon punkt i saxen "evolution, en okänc

uppfinnaren insåg att större kontroll med mindre handen

styrka kunde erhållas genom att överge stödpunkten,

separering av saxen i två stycken (förenat med en

skruv eller nit) och göra öglor för fingrarna. I den femte

talet, den skriftlärde Isidore av Sevilla, Spanien, som beskrivs

cross-bladiga sax med midjan som verktyg för

frisör och skräddare. Sådana vrid sax av brons eller järn

var direkt förfader till moderna saxar.

Vrid sax inte tillverkades i stort antal

fram till 1761 då Robert Hinchliffe producerade det första paret

av dagens saxar tillverkade av härdat och polerat

gjutstål. Hinchliffe bodde i Cheney Square, London,

och var troligen den förste att sätta ut en skylt

proklamera sig själv en fin sax tillverkare.

Under 19-talet, sax var handsmidda med

dekorerade handtag. Bladen bildades

genom hamring stålet på ojämnheter försedda ytorna kända som

chefer och ringarna i handtagen, så kallade bågar,

framställdes genom att stansa ett hål i stål och utvidga

den med den spetsiga änden av ett städ.

År 1967 lanserade Fiskars Oyj Abp sin berömda

saxen med orange handtag, som fortfarande är mycket populär.

Post-it lappar

En Post-it eller Anteckning är en bit av pappers utformad

för att tillfälligt fästa anteckningar till dokument och annan

ytor. Även nu i en rad olika färger,

former och storlekar, anteckningar Post-it är oftast tre tum

kanariefågel gula färgade fyrkanter. Ett unikt låg klibb ghet

återanvändbara klisterremsa på baksidan gör att noterna som

enkelt fästas och tas bort utan att lämna märken.

Post-it sikt och kanariefågel gula färgen är registrerade

varumärken som tillhör det amerikanska företaget 3M. Fram till dess att

1990-talet, när patentet gått ut, de var bara producerat

i 3M fabriken i Cynthiana, Kentucky. Fastän andra

företag producerar nu "klibbiga" eller omflyttbara anteckningar,

de flesta av världens post-it anteckningar görs fortfarande.

År 1968, Dr Spencer Silver, en kemist på 3M, var

försöker utveckla en superstark lim, men

i stället av misstag skapade en låg klibbighet återanvändbara, tryckkänslig

bindermedel. För fem år, utan större framgång,

Silver främjade hans uppfinning inom 3M både informellt

och genom seminarier. Det var först 1974 som en kollega

hans, Dr Art Fry, som hade deltagit i en av Silvers

seminarier, kom på idén att använda limmet

att förankra bokmärket i sin psalmbok under

gudstjänster. Stek sedan vidareutvecklat idén med

dra nytta av 3M: s officiellt sanktionerade tillåten

bootlegging politik: forskare fick spendera

10-15 procent av sin tid på favoritprojekt.

Den gula färgen på den ursprungliga Post-it valdes av

olycksfall-labb nästa dörr till Post-it-team hade skrot

gult papper, där gruppen använde för sina experiment.

Så småningom 3M ledning var övertygad och noter

lanserades 1977 i fyra städer under namnet Press

'N Peel. Inledande försäljningen var mycket nedslående. Emellertid

ett år senare, 3M ut gratisprover till personer bosatta i

Boise, Idaho och hela 94 procent av folket

som försökte dem sa att de skulle köpa produkten.

Slutligen, den 6 april 1980 produkten debuterade i amerikanska butiker

som Post-it-lappar. År 1981 var de lanserades i Kanada

och Europa.

Visste du att?

Den ödmjuka post-it lapp har använts för att skapa allvarliga

konstverk. År 2000, för att fira 20-årsdagen av

Post-it-lappar, konstnärer skapade konstverk på dem. Ett sådant

arbete, av RB Kitaj, såldes för £ 640 på en auktion, vilket gör det

den mest värdefulla Post-it lapp på posten.

STAPLERS

Den första kända maskinen för att fästa papper tillsammans

gjordes i den 18: e talet i Frankrike för exklusiv

användning av kung Ludvig XV. Varje handgjorda stapel var ännu

inskriven med insignier det kungliga hovet. Emellertid

denna maskin var aldrig sålts, även som den ökande användningen

av papper i 19-talet skapade efterfrågan. Amerikanskt

och brittiska uppfinnare började snart patentera olika

häftapparat liknande maskiner och introducerade flera konkurrerande

teknik på marknaden. Denna strid varade så sent som den

1940-talet av en enkel anledning: ingen fick det helt rätt!

Till exempel i 1895, EH Hotchkiss bolaget

Norwalk, Connecticut, började sälja sin så kallade No 1

Papper Fastener. Den maskin som används en lång remsa av wiredtogether

häftklamrar och tack vare sin enkelhet i användning, blev så

populärt att det blev känt som "den Hotchkiss."

Men konstruktionen krävs en tung slag på

maskinens kolv att separera häftklamrar från sitt band

och kör dem i en punt papper. Faktum Hotchkiss

användare hålls ofta små klubbor redo för detta ändamål.

Bortsett från patent, den första publicerade användningen av ordet

häftapparat var i en annons för Century Pin Paper

Häftapparat som dök upp i den amerikanska Munseys Magazine

1901. Men fram till 1920, villkor som papper

fästden, häftning maskin, och häfta bindemedel användes

att beskriva vad vi nu kallas en häftapparat.

Papper grossist Jack Linksys grundade Swingline,

som sedan kom att bli en av de mest kända

dokumentfäst varumärken, på 1930-talet. År 1937,

Swingline utvecklat Swingline hastighet häftapparat nr

3-första toppmatad enhet. Det blev genast

populär på grund av dess enkelhet vid användning. Till skillnad från tidigare modeller,

där en skruvmejsel och hammare behövdes för att infoga

häftklamrar, Linksys och hans ingenjörer skapat en patenterad

enhet, i vilken den övre delen av maskinen var helt enkelt öppnades

och häftklamrar tappade rätt i.

Den moderna häftapparat har förblivit i stort sett oförändrad

eftersom Linksys ändade den 1937. Swingline är också krediteras

med att skapa produkter som har blivit popkulturen

landmärken, som till exempel den röda modellen med i kulten

filmen Office Space. Elektriska modeller uppfanns i

1950-talet, vilket gjorde dokument fäst enklare än någonsin.

Visste du att?

Till denna dag, är ordet för häftapparaten på japanska hochikisu,

även om Hotchkiss bolaget länge varit ur

verksamhet.

Pennvässare

Innan utvecklingen av dedikerade Pennvässare, knivar

(Som pennknivar) användes för att vässa pennor med

whittling dem. Vissa specialiserade typer av pennor, såsom

som snickarpennor, fortfarande är slipade med en kniv

på grund av deras unika platt form utformad för att förhindra

dem från att rulla iväg.

År 1828, en fransk matematiker vid namn Bernard

Lassimone uppfann den första mekaniska pennvässare

och sökt patent. Den bryne använde små metall

filer 90 grader ett block av trä som skrapats och

jorda blyerts spets. Emellertid var hans uppfinning nte

mycket snabbare än att tälja och så inte fånga den. År 1847,

annan frans namnges Therry des Estwaux förbättrad

på Lassimone design och kom upp med ett bryne som

arbetade genom att tvinna samman penna i ett konformat hölje.

Idag är denna konstruktion är känd som prismat slip.

Walter Foster i Bangor, Maine, förbättras och förenklas

Estwaux konstruktion i 1855, vilket gör att verktyget för att vara lätt att

massproducerade, och genom 1880-talet, flera företag var

tillverkning prisma Brynen i stora mängder.

Mellan 1880-talet och 1910-talet, många uppfinnare

103 Dagligt Inventions.indd 18 5/22/13 09:37:34

19

Penn vässare

och företag antog utmaningen att förbättra

mekanisk pennvässare. Denna period av innovation

nästan slutade med mitten av 1910-talet, när pennvässare

med användning av två planet cylindrar med spiralformade skärkanter

började att dominera marknaden. Denna konstruktion lyckades

eftersom folk insåg att rätt inställning till

skärpning penno var att hålla både pennan och

Skär stadig och låt det inre arbetet flyttar

jämnt över pennan, slipning det. De första försöken

att genomföra en sådan konstruktion bildat sandpapper och /

eller blad, varav ingen fungerade mycket bra. Sedan, i

1896 AB Dick Planetary Pencil Pointer var patenterad.

Detta bryne används två frässkivor som "kretsat

kring sina axlar när de orbited pennspets ",

vilket är vad som kallas en planetmekanism.

År 1904, den Olcott Climax pennvässare vidare

förbättrat konstruktionen genom att införa en cylindrisk skär

head med spiralformade skärkanter i en planetmekanism.

Med undantag av det enkla, billiga

prisma bryne, har denna design fortsatt att dominera

marknaden. Den största förändringen har sedan dess varit den

Införandet av elektricitet för att vrida skärhuvudet.

Sådana elektrisk pennvässare för kontor har gjorts

sedan åtminstone 1917, men har inte riktigt blivit kommersiellt

livskraftig fram till 1940-talet.

Sellotape & tejp

Scotch Tape, ett varumärke av 3M, utvecklades i

1930 i Minneapolis, Minnesota efter amerikansk uppfinnare

Richard Gurley Drew. När Drew gick med 3M 1923,

det huvudsakligen tillverkade sandpapper och andra slipmedel.

En eftermiddag, Drew, som var en ung labbassistent vid

tid, besökte en auto body shop i St Paul, Minnesota, till

testa en ny sats av sandpapper. Där fann han några mycket

arga arbetare. Två-färg auto färg jobb, som var

populär på den ticen, som krävs för dem att dölja vissa delar

av bilen med hjälp av tunga tejp och gamla tidningar.

När färgen torkat cort de bandet-och ofta

skalade bort en del av den nya färgen!

Drew insåg att det fanns en marknad för band med mindre

aggressivt lim och så började en lång och frustrerande

sökande efter den rätta kombinationen av material. Han tillbringade två

år experimentera innan utveckla en formel som

hölls kibbig med tillsats av glycerin och backas

med kräppapper. 3M äntligen lanserat Drews maskering

band 1925. Den ursprungliga designen hade lim längs dess

kanterna men inte i mitten. I sin första provkörning, föll bort

bilen cch en frustrerad auto målare morrade på Drew,

"Ta det här bandet tillbaka till de skotska chefer till d g!" By

Scotch han menade snål. Smeknamnet fastnat.

Inte avskräckt Drew gick tillbaka till jobbet och började

utveckla en vattentät beläggning för järnvägsvagnar. En dag

Han talade med en kollega 3M forskare som övervägde

förpackning 3M maskeringstejprullar i cellofan, ett nytt

fuktsäker förpackning skapat av DuPont. Varför, Drew

undrade, kunde irte cellofan vara belagd med bindemedel

och används som tätningsband för sina vagnar?

I juni 1929 Drew beställt 100 meter av cellofan med

som att genomföra experiment. Han utarbetade snart en produkt

prov som visade löfte för förpackning av alla sorters

produkter. Men det var svårt att applicera limmet jämnt

på cellofan, som delas lätt under maskinen

beläggning. Det tog Drew över ett år för att lösa dessa problem

och det var inte förrän i slutet av 1930 som 3M äntligen lanserat

Scotch tejp. Det kom att bli en av de

mest kända och mest använda produkterna i historien om

3M. Dess framgång var början på företagets

diversifiering, och hjälpte dem att blomstra trots den

Stora depressionen.

Sellotape, lanserades av engelsmän Colin Kininmonth

och George Gray 1937, är den ledande tejp varumärke

i brittiska, Indien och andra länder. Den skapades av

beläggning cellofanfilm med ett naturgummi harts.

CORRECTION FLUID

Tidiga korrigeringsvätskor var oftast vita färger, som

matchade inte pappers färgen mycket bra, tog en lång

tid att torka, och var svåra att skriva över. En av de

första moderna korrigeringsvätskor uppfanns 1951 av

en sekreterare från Dallas, Texas, som heter Bette Nesmith

Graham. Graham började arbeta som verkställande

sekreterare strax efter andra världskriget. Hon bestämde sig snart för att

hitta ett bättre sätt att rätta sina skrivfel.

En dag Graham sätta lite tempera vattenbaserad färg,

färgade för att matcha brevpapper hon använde, i en flaska,

och tog hennes akvarell borste för att arbeta. Hon använde detta för att

korrigera hennes skrivfel och fann att hennes chef aldrig

märkt. Snart en annan sekreterare såg den nya uppfinningen

och bad för vissa Graham hittade en grön flaska hemma,

skrev misstag ut på en etikett, och gav den till sin vän.

Snart alla sekreterare i byggnaden ville ha det också.

1956 Graham startade Mistake Out Company (senare

bytt namn Liquid Paper) från hennes North Dallas hem. Hon

vände sitt kök till ett laboratorium, blanda en förbättrad

produkten i biandaren. Hennes son, Michael Nesmth, senare

känd som sångare / gitarrist i populära 1960-talet band The

Monkees, och hans vänner fyllda flaskor för kunderna.

Inledningsvis Graham gjorde lite pengar trots nattarbete

och helger för att fylla order. Men en dag, gjorde hon

ett skrivfel på jobbet, vilket även Misstag Out kunde inte

rätta, och fick sparken. Hon bestämde sig då för att ägna all sin

tid till sitt nya företag, och företag snart dånade.

Liquid Paper blev en miljon dollar företag med 1967.

Ett annat stort märke av korrigeringsvätska är Wite-Out, nu

tillverkas av BIC Corporation. Dess historia går till

1966, när George Kloosterhouse, ett försäkringsbolag-företag

kontorist, märkte att samtida korrigeringsvätska tenderat

att sudda bläcket på fotokopior. Kloosterhouse, med

hjälp av kemisten Edwin Johanknecht, sedan utvecklas

"Wite-Out WO-1 Radering Flytande" speciellt för

fotokopior. År 1971 grundade de Wite-Out Produkter

Inc. för att sälja den.

Tidiga former av Wite-Out säljs via 1981 var vattenbaserad

och vattenlösliga. Även om detta gjorde det lätt att rengöra,

Det tog också längre tid att torka och inte fungerar bra på nonphotocopier

medier som maskinskrivna dokument.

Företaget behandlas dessa problem i juli 1990 av

införa en lösningsmedelsbaserad, snabbtorkande, "för allt"

korrigeringsvätska. Idag, flytande Papper och Wite-Out kvar

de mest populära märkena korrigeringsvätska i Nordamerika,

Australien och Brasilien, medan Tipp-Ex är populära i Europa.

väckarklockor

Människor har att göra klockor med larm

mekanismer sedan urminnes tider . Den grekiske filosofen

Platon sades att ha en stor vattenklockamed en

larmsignal som liknar ljudet av en vatten orgel. Den

Hellenistiska ingenjören och uppfinnaren Ctesibius monterade hans

vatten klockor med genomarbetade larmsystem , vilket skulle kunna

göras för att släppa stenar på en gong eller blås trumpeter på

förinställda tider. Många stora vattendrivna väckarklockor ,

medan inte särskilt exakt , byggdes i Europa , Kina , och

arabvärlden under de närmaste århundradena . de var

särskilt populär i kloster , där munkarna hade att

mässa böner vid fasta tidpunkter .

De första mekaniska klockor powered by fallande vikter

gjordes i den 14: e århundradet . Några av klocktorneni

Västeuropa byggdes under denna period var i stånd att

chiming vid en bestämd tidpunkt varje dag. Den berömda florentinska

författaren Dante Alighieri , i 1319 , som beskrivs i hans skrifter

en av de tidigaste av dessa mekaniska klockor . Den mest

berömd original slående klocktornet fortfarande står är

möjligen den i Markusplatsen , Venedig , som var

monteras i 1493 .

Användar - inställbar mekaniska väckarklockor definitivt tillbaka till 15 -talets Europa åtminstone. Dessa tidiga larm

klockor hade en ring av hål i klockan ratten och sattes

genom att placera en tapp i ett lämpligt hål. uppfinningen

av fjädern tillåts klockor att bli mindre. Genom

1620 , hushållsklockorvar i bruk och en del även haft

larmmekanismer .

Det har felaktigt uppgett att Levi Hutchins , en

urmakare från Concord , New Hampshire , uppfann

den första väckarklocka för att vakna själv upp i tid för

sitt jobb . Det är sant att under 1787 , Hutchins fastnat arbetena

av en stor klocka i ett mindre skåp , satt i ett kugghjul

eller redskap , och väntade på ankomsten av 4:00 . när fyra

Klockan kom slutligen runt , växeln var löst , vilket

sätta en klocka i rörelse . Emellertid Hutchins ' enhet gjort

bara för sig själv , bara ringde vid 04:00 och hålls ringer till våren tog slut . Dessutom hade andra uppfinnare hade

liknande idéer innan . Den franska uppfinnaren Antoine Redier

var först med att patentera en justerbar mekanisk väckarklocka

1847 . Den Seth Thomas Clock Company i Connecticut ,

USA , fick patent 1876 för en liten säng

väckarklocka. Under det sena 1870-talet , sådana klockor blev populär

och alla de stora bolagen klockan började göra dem .

Därifrån flyttade saker snabbt . Repeatern larmet var

uppfanns , tillät el motorer för att flytta händerna , och

piper , kvittrar , och sånger ersatte ljudet av klockor .

stiftpennor

Fram till början av 20-talet , tillverkare

producerade bly innehavare snarare än verklig mekanisk

pennor . En bly hållare är helt enkelt ett rör som håller en pinne

av bly , med inget sätt att avancera eller dra tillbaka ledningen när det

förbrukas. En av de tidigaste bly innehavare hittades

ombord på vraket av den brittiska krigsfartyget HMS Pandora ,

som sjönk år 1791 efter att ha kört på grund på den stora

Barriärrevet nära Australiens kust . Detta ledde hållare

delades upp i två halvor för omkring tre fjärdedelar av sin

längd , så att hälften kunde tas bort för att placera en ny

grafit "ledande" inne . Thomas Jones i Whitechapel ,

London , hade patenterat denna typ av penna 1783 .

Det första patentet på en påfyllningsbar penna med bly drivande mekanism utfärdades år 1822 i Storbritannien till Sampson

Mordan och John Hawkins . Deras uppfinning var inte en sann

stiftpenna , eftersom användarna var tvungna att bära enhetliga bitar

av bly i sina fickor för att använda om och när det behövs .

Mordan bolag fortsatte att tillverka pennor

och ett brett utbud av silver objekt fram till andra världskriget .

Mer än 160 patent relaterade till stiftpennor var

utfärdats mellan 1822 och 1874. Exempelvis A.W. Faber

från Tyskland skapat en modell kring 1860 . Denna penna marknadsfördes mot arkitektoniska ritare och var

ihålig så att den kunde vara försedd med en längre bly. År 1861 ,

Faber patenterade även twist - låsning kopplingsmekanism

för pennor . Den första fjäderbelastade stiftpenna var

patenterades 1877 och en mekanism twist - feed 1895 .

I Japan införde Tokuji Hayakawa den evigt klara

Vass penna 1915 , med ett hållbart metallaxel

tillverkat av nickel, en skruvbaserad mekanism , och en

skarp bly . Den ständigt Sharp snart började sälja i stora

nummer. Hayakawa själv gick på att grunda den

Sharp Corporation . Uppkallad efter sin penna , det är en dag

multinationella elektronikföretag .

Ungefär samtidigt , amerikanska Charles R. Keeran

var att utveckla en likrande penna med en mycket tunn bly

som skulle bli föregångare till de flesta av dagens

pennor . Hans design, som han namngav Eversharp , var

ergonomiskt sunda, lätt att tillverka , tillförlitlig och

hållbara. Det kons ratchet -baserade, medan Hayakawa var

skruv - baserade . Den Wahl Company i Chicago köpte ut

Keeran 1917 och började sälja sina stiftpennor

i miljontal . Andra tillverkare , som Sheaffer ,

Parker och Waterman följde snart . Idag är den direkta

ättlingar till dessa klassiska pennor kan hittas i någon

brevpapper eller kontor - leverans butik .

POSTAGE STAMPS

Ett antal personer har gjort anspråk på begreppet

frimärke . I 1680, William Dockwra och hans partner

Robert Murray etablerade London Penny Post,

som levererade brev och små paket i London för

ett öre . Många historiker anser att detta är världens

första moderna posttjänster . Till skillnad från dagens post , däremot ,

porto endast utbetalas efter brevet levererades

och accepterade.

År 1835 , den österrikisk - ungerska tjänsteman Lovrenc

Koširy föreslog användning av " artificiellt anbringats post skatt

stämplar " med hjälp gepresste papieroblate (pressade pappers wafers) .

En skotsk tyckare , James Chalmers , även

påstod sig vara uppfinnaren av klister frimärke

och lagt fram ett förslag till den brittiska General Post

Office 1838.

Dock var frimärken som vi känner dem först

intrcducerades i Storbritannien år 1840 som en de av

post reformer främjas av lärare , uppfinnare , och social

refo mator Sir Fowland Hill .

Hills större mål var att vända den stadiga ekonomiska förluster

av postkontoret och hans projekt blev känd som

Stor Post Office Reform . Han övertygade parlamertet

anta Enhetlig Fcurpenny Post, som gick in i

effekt 1839 . Den första förbetalda frimärke , öre

svart , lades på försäljning maj 1840 . Två dagar ser are

två pence blå infördes . Båda frimärkena ingår

en gravyr av den unga drottning Victoria . Men svart var

inte ett bra val av stämpelfärgeftersom någon avbckning

varu märkena var svårt att se . Så från 1841 och framåt , frimärken

trycktes i en tegelröd färg . Andra länder snart

följde med sina egna frimärken . Schweiz utfärdade

Züridh 4 och 6 Rappen i 1843. Brasilien utfärdade Bulls Eye

stämpla samma år , väljer en abstrakt design istället

av ett porträtt av kejsaren Pedro II - så att en poststämpel

skulle inte vanställa sin image . De första frimärkena i Indien

gavs ut i oktober 1854 med fyra värden : halv anna ,

en anna , två annas (i grönt) och fyra annas . Den senare

var en av världens första tvåfärgad frimärken - i rött och

blått. Alla fyra varianter presenterade en ungdomlig profil för drottning

Victoria och utformades och tryckt i Calcutta .

Efter införandet av den frimärke , det

Antalet bokstäver i Storbritannien ökat dramatiskt . Genom

1850, antalet brev som skickas hade ökat från 76

miljoner till 350 miljoner , och fortsatte att växa fram till

slutet av 20-talet . Men i dag e-post har

drastiskt reducerat användningen av frimärken.

skrivmaskiner

Ett antal personer har bidragit till utvecklingen av

kommersiellt framgångsrika skrivmaskiner . Italienska Pellegrino Turri

uppfann den första arbets skrivmaskin 1808 ; bokstäverna skrivit

på hans maskin fortfarande existerar . Turri uppfann också karbonpapper till

ge bläck för hans maskin . Många tidiga maskiner , bland annat

Turri s , har utvecklats för att göra det möjligt för blinda att skriva .

Mellan 1829 och 1870 , många uppfinnare i Europa och

Amerika patenterade utskrift eller skrivmaskiner, men ingen

av dem gick i kommersiell produktion . Några av dessa

maskiner inkluderar American Charles Thurber s uppfinning

hjälpa blinda 1843 , italienska Giuseppe Ravizza prototyp

skrivmaskin kallas Cembalo Scrivano o macchina da scrivere en tasti ,

en maskin för att skriva med nycklar i 1855 och brasiliansk präst

Francisco João de Azevedo s skrivmaskin 1861 .

I 1865 Rev Rasmus Malling - Hansen i Danmark uppfann

Hansen Writing Ball , den första kommersiellt sålda

skrivmaskin. Det gick i produktion 1870 . Dess utmärkande

inslag var ett arrangemang av 52 tangenter på en stor mässing hemisfären. Denna maskin var framgångsrik i Europa och

används på kontor i London fram till 1909 .

Den första skrivmaskinen för att vara kommersiellt framgångsrik var den

Remington nr 1 . Amerikanske uppfinnaren Christopher Sholes

utformat det med lite hjälp från Samuel Soule och Carlos

Glidden . Denna maskin kommersialiserades som Sholes

och Glidden Type - Writer , som var ursprunget till begreppet

skrivmaskin. William K. Jenne raffinerade Sholes "design vidare

och Remington Company började produktionen av sin första

skrivmaskin 1873 kosta $ 125.

Den Remington nr 1 hade målat blommor och dekaler och

såg mer ut som en symaskin . Det införlivade element

såsom en cylindrisk formbordet och den första fyra - rodde QWERTY

tangentbord, som på grund av maskinens framgång, var snart

antagits av andra skrivmaskinstillverkare. Men den här maskinen

kunde bara skriva ut stora bokstäver . En betydande innovation

i historien om skrivmaskiner var shift och skift lås nycklar ,

vilket gjorde både versaler och gemener utgång från

samma tangentbord . Den här funktionen har bidragit till att förenkla maskinskriverska

drift och minska tillverkningskostnaderna , vilket minskar

priset på skrivmaskiner . Den första skrivmaskinen med er skiftnyckelvar

Remington nr 2 av 1878.

Skrivmaskiner har inte blivit vanligt på kontor förrän efter

mitten av 1880-talet . Detta gjorde det möjligt för kvinnor att delta i arbetslivet i stort

tal för första gången . Genom 1909 , 89 separata skrivmaskin tillverkare fanns i USA ensam , och med 1910 ,

den mekaniska skrivmaskin hade nått en standardiserad design.

ELEKTRISK skrivmaskiner

Universal Stock Ticker uppfanns av Thomas Alva

Edison 1870 . Denna populära elektriska skrivare fått signaler

från en telegraflinjeoch automatiskt utgående brev och

siffror , främst aktiekurser , på en papperstejp . Edison senare

byggt en skrivmaskin som drivs av en serie av magneter , men det var

stor, dyr och kommersiellt misslyckat .

Den första praktiska elektriska skrivmaskinen har utvecklats av

Amerikansk George Blickensderfer och lanserades av hans

Bolaget , baserat i Stamford , Connecticut , 1902 . The Blick

Electric hade några fördelar med senare elektriska skrivmaskiner ,

inklusive lätta viktiga inslag , till och med att skriva , och automatisk

vagnreturer . Maskinen drevs av en Emerson

elektrisk motor. Men även detta var inte kommersiellt

framgångsrik , möjligen eftersom det skrev långsamt eller för att

elförsörjning ännu inte standardiserats .

James Smathers i Kansas City , Missouri , uppfann

första praktiska maskindriven skrivmaskin . Smathers

ville öka skrivhastighet och minskar trötthet

och han hade avslutat en arbetsmodell med 1912. I

1923 , nordöstra Electric Company i Rochester, New

York , hade förvärvat Smathers ' patent . Northeast ytterligare utvecklade Smathers "design så att de kunde sälja den till

skrivmaskinstillverkare. År 1925 var det används för att starta

den Remington Elektriska skrivmaskiner . Och 1929 , nordöstra

kom in i skrivmaskinen affärer för sig själv , att producera

första Electro skrivmaskin .

År 1935 , IBM , som hade förvärvat Electro

teknik , ny design och lanserade det som IBM Electric

Typewriter Model 01 . Smathers gick med IBM , där han

fortsatt att arbeta på skrivmaskiner . År 1941 lanserade IBM

den Electro Model 04 , som införde proportionella

teckenavstånd (kerning) där bokstäverna liksom "i" och " w "

har olika bredder. Denna innovation gjorde maskinskriven

dokument ser mer ut utskrivna sidor . År 1961 , IBM

lanserade den revolutionära Selectric , som elimineras

sylt och tillåts snabba förändringar typsnitt genom att skriva ut med en

liten , sfärisk " typeball " i stället för traditionella typ barer .

Selectric dominerade kontors skrivmaskin marknaden i minst

två decennierna. Senare versioner läggs också möjlighet att korrigera

skrivfel och förändring teckenstorlek i dokument .

Elektroniska skrivmaskiner började ersätta elektriska artiklar i

tidigt 1980-tal . Dessa maskiner , uppfunnen av Xercx , broder ,

och Canon , var tidigt ordbehandlare . De hade elektronisk

minnen , displayer , stavnings-och grammatikkontroller , och

diskenheter . Idag , persondatorer och laser-eller bläckstråleskrivare

skrivare har ersatt elektroniska skrivmaskiner .

CELLOFAN

Cellofan är ett tunt, genomskinligt ark som är tillverkat av

regenererad cellulosa, en naturlig polymer av glukos

erhållas i stora kvantiteter från trämassa eller bomull ludd.

Det är 100 procent biologiskt nedbrytbara och dess låga permeabilitet

för luft, olja, fett , bakterier och vatten gör den användbar

för livsmedelsförpackningar.

Cellofan framkom en rad insatser genomförts

Under slutet av 19 -talet för att producera konstgjorda material

genom kemisk förändring av cellulosa. 1892 engelska

kemister Charles F. Cross och Edward J. Bevan patenterat

viskos, en lösning av cellulosa behandlas med kaustiksoda

och koldisulfid .

Cellofan uppfanns av schweizisk kemist Jacques Edwin

Brandenberger . När Brandenberger var sittande vid ett

restaurang i 1900 när en kund spillt vin på

bordsduk . När servitören ersatt duken , bestämde han

att uppfinna en klar flexibel film för att tillämpas på tyg , vilket gör det

vattentät. Hans första tanke var att spruta en vattentät beläggning

på tyg och han valde för att prova viskos . Den resulterande belagda

Tyget var alltför stela, men den klara filmen lätt separeras

från skyddsdukenoch han övergav sina ursprungliga planer

eftersom möjligheterna för denna nya material blev klart .

Det tog tio år för Brandenberger att fullända sin film , vilket han namngav Cellofan , från orden cellulosa och

diaphane (" transparent ") . Hans främsta nyhet var att lägga

glycerin för att mjukgöra materialet. Vid 1912 hade han konstruerat

en maskin för tillverkning av filmen och patenterade den.

Cellofan såg begränsad försäljning till en början eftersom det var vattentätt ,

men inte fuktsäker- det höll vatten men var genomsläpplig

för vattenånga. Detta innebar att det var olämpligt att

förpackningar som krävs för fuktbeständighet .

Det amerikanska kemiföretaget Du Pont anlitade kemist

William Hale Charch , som tillbringade tre år att utveckla

en nitrocellulosalacksom när den tillämpas på cellofan

gjorde det fuktsäker. Efter introduktionen 1927 ,

materialets försäljningen tredubblades mellan 1928 och 1930. Av 1938

Cellofan svarade för 10 procent av Du Pont försäljning

och 25 procent av vinsten .

Cellulosafilm har til verkats kontinuerligt

sedan mitten av 1930-talet och används fortfarande idag . Förutom mat

förpackningar , har många industriella tillämpningar också,

såsom en bas för självhäftande tejp , ett halvgenomträngligt

membran som används i vissa typer av batterier , som dialys

slangar. Visking slangar, och som släppmedel i den

tillverkning av glasfiber och gummiprodukter .

suddgummin

Typiska sudd eller gummin är tillverkade av syntetiskt gummi.

Suddgummin plocka upp grafitpartiklar, alltså ta bort blyertspenna

märken från ytan av papper. Detta fungerar eftersom den

molekyler i suddgummin är " segare " än papperet , så när

radergummit är smörjas in på blyertsmarkering , grafit

fastnar på suddgummi , snarare än papper.

Innan gummi suddgummin , var tabletter av gummi eller vax som används

att radera bly eller kol märken från papper . Bitar av grov

sten som sandsten eller pimpsten användes för att avlägsna

små fel från pergament eller papyrusdokument

skriven i bläck . Skorpan - mindre bröd användes också som en

radergummi ; i själva verket en Meiji - eran (1868 - 1912) student i Tokyo

sade : " Bröd suddgummin användes i stället för gummi suddgummin

och så de skulle ge dem till oss utan begränsning

belopp. Så vi tänkte ingenting av att ta dessa och äta

en fast del för att åtminstone något tillfredsställa vår hunger ... "

Brödet var den bästa av alla de ämnen som används för att ta bort

penna markerar tills naturgummi blev tillgängliga i

den gamla världen . Engelsk kemist och teologen Joseph

Priestley var först med att beskriva dess användning för att ta bort

blyertsmarkeringar . År 1770 berättade han för läsarna av hans bok Familiar

Introduktion till teori och praktik i perspektiv där

att köpa de första suddgummin av gummi :

Eftersom detta arbete skrivs av, har jag sett ett ämne

utmärkt anpassad till att torka från papper till

märken av en svart -bly - penna . Det måste därför vara av singular använda för dem som utövar ritning . Den säljs av Mr Nairne ,

Matematisk Instrument - Maker , mittemot Royal - Börsen .

Han säljer en kubisk bit , av ungefär en centimeter . för tre skilling ;

och han säger att det kommer att pågå i flera år .

Emellertid är naturgummi även ömtåliga. År 1839 ,

Amerikanske uppfinnaren Charles Goodyear upptäckte

processen för vulkanisering , där svavel tillsätts

gummi att "bota" den och göra den hållbar. Gumm sudd

blev vanligt med tillkomsten av vulkanisering .

Den 30 mars 1858 mödomshinna Lipman i Philadelphia , USA

fick det första patentet för att fästa ett suddgummi till slutet

av en blyertspenna . Hans penna hade ett spår på sin spets i vilken

ett suddgummi immades . I början av 1860-talet , den berömda Faber -

Castell Företaget , som grundades i Tyskland år 1761 och fortfarande

välkänt idag , gjorde pennor med bifogad

sudcgummin. Kort därefter, andra företag också

började göra liknande pennor , som kom att kallas

som öre pennor eftersom de var billiga . de

blev snart mycket populär .

GEM

Fäst av papper har historiskt dokumenterat

så tidigt som på 13-talet när folk sätter ett band

genom parallella snitt i hörnen på sidorna . Senare

banden var vaxad för att göra dem starkare och

lättare att ångra och göra om . Denna metod för klippning, papper

tillsammans fortsatte under de närmaste 600 åren . Många gånger,

mass - producerade raka stift , som infördes år 1835 , var

också användas för att fästa papper , även om de inte var

utformade för detta ändamål .

Det första patentet för en böjd tråd gem var förmodligen

delas Samuel B. Fay i USA 1867 .

Detta klipp var ursprungligen avsedd för att fästa biljetter till

tyg, men Fay insett att det också skulle kunna användas för att fästa

papper tillsammans. Även funktionell och praktisk , Fay s

design tillsammans med ett 50-tal andra konstruktioner patenterade

före 1899 , var aldrig annonseras eller säljas i stor utsträckning .

Bent - wire gem blev populär först efter massproduceras

ståltråd , och mekanismerna för att böja det

tillförlitligt och billigt blev tillgängliga i slutet av

19-talet . Den vanligaste typen av tråd gem

fortfarande används , Gem gem, aldrig patenterat men

var troligen produceras i Storbritannien av The Gem

Tillverkande företag med början av 1870-talet . En 1883

artikel om Gem Pappers - Fasteners berömmer dem för att vara

"bättre än vanliga stift " för " binda ihop papper

om samma ämne , en bunt brev , eller sidor i ett

manuskriptet ". Gem fortfarande ibland kallas Gem

klipp och på svenska , är ordet för alla gem pärla .

Sedan dess har otaliga variationer på samma tema har

patenterats men den ursprungliga Gem typen har visat sig vara

den mest praktiska, och följaktligen , är fortfarande den överlägset mest

populär. Andra former används ibland fortfarande , såsom

Non - Skid ; Ideal , som används för tjocka buntar av papper ; den

Uggla , uppkallad efter sina två ögonformadecirklar ; och den perfekta

Gem eller gotiska , som gynnas av bibliotekarier eftersom dess

längre ben gör det mindre sannolikt att böja och riva papper .

En norsk , Johan Vaaler , har felaktigt identifierat

som uppfinnaren av gemet . I verkligheten Vaaler s

uppfinning var aldrig tillverkas eller saluförs , eftersom

då den överlägsna Gem redan fanns tillgängliga . emellertid

långt efter Vaaler död , skapade sina landsmän en

nationell myt som bygger på det felaktiga antagandet att

gem uppfanns av en okänd norsk

geni . Efter andra världskriget , gemet blev ännu en

symbol för nationell enighet och stolthet i Norge .

Säkerhetsnålar

En säkerhetsnål är en variant av den normala stift innefattande en

enkel fjädermekanism och ett spänne . Låset har två

syften: att bilda er sluten slinga , vari fästa stiftet

mer säkert och även för att täcka sin vassa änden för att förhindra

nålstick . De används ofta för att fästa ihop

tygstycken som skadade kläder och tygblöjor

(blöjor) men har flera andra användningsområden .

Även stift har använts som fästelement sedan förhistorisk

gånger , produktiv amerikansk mekaniker och uppfinnare Walter

Hunt i New York anses vara uppfinnaren av

modern säkerhetsnål . Behöva lösa en $ 15 skuld med en

vän , en dag Hunt beslutat att uppfinna något nytt

för att betala bort . Han vrida en bit mässing

tråd som var ungefär åtta inches lång , när han bestämde sig för att

göra en spole i centrum av tråden så det skulle öppna upp

när de släpps . Han tillade sedan en separat spänne och punkt

vid den andra änden , så att den punkt som ska tvingas in i

lås av fjädern . Spännet höll också fingrar säker från

skadefri därav namnet " säkerhetsnål " . Hela uppfinning

tog Hunt bara tre timmar att skapa .

År 1849 , Hunt fick patent på sin uppfinning , men snart

sålde rättigheterna till WR Grace and Company för endast $ 400,

vilket skulle vara lite mer än $ 10.000 i dag . Vad

Hunt misslyckades att inse var att under de kommande åren följa , WR

Grace , som fortfarande existerar som en tillverkare av specialitet

kemikalier och material , skulle göra miljontals dollar

i vinster från hans uppfinning .

Hunt underlåtenhet att tjäna pengar på hans uppfinning var

typisk för mannen . Han var en mångsidig och kreativ

uppfinnare som skapade ett häpnadsväckande utbud av romanen

enheter inklusive sy lockstitch maskin , en

föregångare till Winchester upprepande gevär , en framgångsrik lin spinner , en kn vslip (fortfarande tillverkas och

används i stor utsträckning i dag) , den reservoarpe na , en spik - making

maskin , en resta rang ånga bord , ett träd - fällning såg, en

fartygets isbrytare , inkstands , en spårvagn klocka , en hård - coalburning

spis , konstgjord sten , gata svepande maskiner ,

velocipeden (en t dig cykel) , en sko häl, en ceilingwalking

anordning som används i cirkusar , och isen plogen.

Tyvärr för honom . insåg han aldrig det kommersiella

betydelsen av sina egna uppfinningar och antingen misslyckats med att

patentera dem eller sålt patenten för mycket små summor

pengar.

KALEIDOSCOPES

Ett kalejdoskop är en cylinder med speglar som inne håller

lösa , färgade objekt såsom pärlor, stenar och bitar

av glas. Som man ser i en ände , går ljus å andra sidan,

reflekteras av speglarna , och skapar färgglada mönster .

Ordet " kalejdoskop " myntades 1817 av skotska

uppfinnaren Sir David Brewster . Den härrör från den

Antika grekiska καλός (kalos) betyder " vacker, skör het " ,

εἶδος (Eidos) betyder " det som syns : formulär , form '

och σκοπέω (skopeō) betyder " att se till , att undersöka " ,

därav " observatör av vackra former . "

Sir David Brewster var en skotsk fysiker , matematiker ,

astronom, uppfinnare , författare och universitets huvudman .

Han började arbetet som ledde till kalejdoskop 1815

samtidigt som utför experiment på ljus polarisering .

Medan han tittade på vissa objekt i slutet av två

speglar, Brewster märkt att mönster och färger var

skapas och omvandlas till vackra nya arrangemang .

Förbryllad , bestämde han sig för att skapa en enhet för att generera

sådana mönster . Hans ursprungliga konstruktion bestod av ett rör med

par av speglar i ena änden , par av genomskinliga skivor på

de övriga och pärlor mellan de två . Brewster namnges

och patenterat sin uppfinning 1817 och valde berömd

vetenskaplig instrumentmakaren Philip Carpenter som enda

tillverkaren. Det visade sig snart vara en enorm framgång

med 200.000 kalejdoskop som säljs i London och Paris

bara tre månader .

Brewster började tro att han skulle göra en massa pengar

från hans populära uppfinning . Men någon snart

insåg att ett fel i sin patentansökan , GB 4136 ,

tillåts andra att fritt kopiera den . Tydligen en prototyp

hade visats London optiker och kopieras innan

patentet beviljades . Som ett resultat av den kalejdoskop

började att framställas i stora antal, men gav ingen

direkta ekonomiska fördelar för Brewster .

Ursprungligen tänkt som en vetenskap verktyg , var kalejdoskop

senare säljs som en leksak . De blev mycket populär under

Viktorianska ålder som en salong avledning . Under 1870-talet ,

en av de mest populära USA kaleidoscope kokare
var Charles Bush . Han patenterade hans salong ka ejdoskop
1873 . Dessa leksaker , som gjordes med en rund bas
eller som en mer sällsynt fyra - footed version , är nu mycket eftertrak
efter av samlare .

En nypremiär av intresse för kaleidoscopes började i slutet av
1970-talet , och 1980 , en utställning hjälpte bräns e intresse
dem som en konstform . I dag finns det hundratals stora
kaleidoscope tillverkare och konstnärer .

Surfbrädor

Surfbrädor upp anns i det gamla Hawaii där de
var mer känd som pappa He'e nalu i Hawaiian
språk. På den tiden , surfa var en djupt andlig angelägenhet ,
från konsten att rida på vågorna själva , för att be
för bra surf , samt ritualer kring byggandet av en
surfingbräda. Surfing var inte bara avsedd för rekreation , men
även för utbildning av chefer och lösa konflikter . Det fanns
två typer av gamla surfbrädor : den Olo , 14-16 meter lång
och bara riden av hövdingarna och adelsmännen , och Alaia ,
10-12 meter lång och rids av de ofrälse . Båda var
görs med hjälp av massivt trä från lokala träd såsom Wili
Wili , Ula och Koa och kan väga mer än 100 pounds .
De hade inga fenor och var inte lättmanövrerad . den äldsta
surfbräda fortfarande existerar går tillbaka till 1778 och kan vara

finns i Hawaiis Bishop Museum .

I mitten av 19-talet , hade många västerländska missionärer

anlände till Hawaii och surfa nästan hade dött ut . det var

inte förrän i början av 20 -talet som Hawaiians tillsammans med

Europeiska och amerikanska bosättare började surfa igen . One

tidig surfare , George Freeth , experimenterat med en kortare

ombord design genom att skära sin 16 -fots Hawaiian ombord på mitten .

Freeth blev den första professionella surfare , främja en

järnvägsföretagi Los Angeles , Kalifornien .

Nästa stora förändring inträffade 1926 då Tom

Blake konstruerade den första ihåliga surfbräda . Den gjordes

av furu , hade hundratals hål borrade i det , och var

inkapslad med tunna lager av trä på båda sidor . Blakes

ihåliga surfbräda var mycket snabbt i vattnet . Det blev

mycket framgångsrik och 1930 , var den första styrelsen som

massproduceras . Blake uppfann också den " fasta fin " 1935 .

Detta var en liten fena fäst till botten av brädet

att tillåta surfare att manövrera bättre och ge styrelserna

mer stabilitet.

Genom 1932 , lätt balsaträ från Sydamerika hade

blivit ett populärt material för att bygga surfbrädor. Efter

Världskriget glasfiber , plast och frigolit blev

allmänt tillgängliga. En man vid namn Pete Peterson byggde den första

glasfiber styrelse 1946 . Under slutet av 1950 , Hawaii

George Downing utvecklat den populära " vapnet " surfbräda , uppkallad efter dess förmåga att " jaga " stora vågor .

Shortboards , ca 6 meter lång , blev populär under

det sena 1960-talet på grund av sin låga vikt , hastighet och

manövrerbarhet . De var ursprungligen känd som " pocket

raketer ' och hade ofta två eller tre fenor för mer stabilitet

i vattnet . Idag , billiga " popout " shortboards , uppfann

av australiska Shane Steadman på 1970-talet , dominerar

marknacen , även om de traditionella långa skivor är fortfarande populära .

jukeboxer

Myntstyrda speldosor och spelar pianon var

första jukebox -liknande enheter. Dessa enheter används papper

rullar, metallskivor , eller metallcylindrarför att spela en musikal

val på de instrument som inneslutna i dem . I

1890-talet fick de säl skap av maskiner som används musikal

inspelningar i stället för fysiska instrument .

En av de tidiga föregångare till den moderna jukebox var

skapad av Louis Glas och William S. Arnold , som hade

placerat en mynt Ed son cylindern fonograf i

Palais Royale Saloon San Francisco 1889 . Detta var

första " Nickel - in - the- Slot " maskin . Det hade ingen amplifiering och

kunder hade att lyssna på musik med hjälp av någon av fyra lyssna

rör, något som likna akustiska hörlurar . maskinen

var popu är och tjänade över $ 1000 inom sex månader .

Tidiga jukebox design olåst mekanismen på

mottagning av ett mynt. Lyssnaren sedan fick vända en vev

för att spela upp musiken . De flesta maskiner var kapabla att

håller endast ett musikstycke . Ofta många av dem

fästes till lyssna -rör och placerades tillsammans i

grammofon salonger . Detta gjorde att kunderna kunde välja

mellan flera poster , var och spelas av sin egen maskin .

1918 , Hobart C. Niblack patenterat en apparat som automatiskt bytte skivor . Detta ledde till att en av
de första

jukeboxar med valbar musik , introducerades 1927 av

Automated Musical Instrument Company .

År 1928 , Justus P. Seeburg , som tillverkar spelare

pianon , kombinerat en högtalare med en myntautomater

skivspelare och gav lyssnaren ett val av åtta

dokument. Denna Audiophone maskin hade åtta separata

vändskivor monterade på en roterande pariserhjul liknande anordning .

Sådana amplifierade jukeboxar kunde konkurrera med en stor

orkester för bara kostnaden för en nickel (5 cent) .

Termen jukebox började användas i USA omkring 1940

och härrör från den vanliga amerikanska uttrycket juke

gemensamma, vilket innebär en opassande bar eller nattklubb .

Jukeboxar var mest populära på 1940-talet genom

mitten av 1960-talet . I mitten av 1940-talet , tre fjärdedelar av

de register som produceras i Amerika gick in i jukeboxar .

De spelade en början musik inspelad på vaxcylindrar ,

som successivt ersätts av 78 - varv shellack

skivor, 45 - varvs vinylskivor , CD-skivor och MP3-filer . i dag

jukeboxar förblir populär i barer men har fallit ut

i onåd med det som en gång var deras mest lukrativa

platser - restauranger , Diners , militäranläggning, video

arkader och tvättomater .

tennisbollar

Ordet tennis kommer från det franska ordet tenez ,

uttalas teney , vilket innebar " ta ställning" eller

helt enkelt börja. Spelet började för mer än tusen år

sedan . Den spelades av munkar och kallas jeu de Paume

eller handflatan . Den racket var ... du gissade rätt ...

handflatan med en hand och bollen var gjord av trä.

Senare spelare använt läder vantar och en läderboll, sytt

upp med senor och fylld med allt som kom till

hand som ha m , ull och hår - djur eller människa !

Dessa tidiga bollar inte studsa , vilket gör själva spelet

skiljer sig mycket från nu.

Den utvecklа-idrotten blev populär med adelsmän

och spelades som den höviska omgång riktig tennis . År 1480,

Ludvig XI av Frankrike förbjöd fyllning av tennisbollar med

krita , sand , sågspån , eller jord och uppgav att de var

göras av bra läder , stoppad med ull . Andra tidiga

tennisbollar gjordes av skotska hantverkare från en woolwrapped

magen på ett får eller get och bundna med rep .

Vissa engelska tennisbollar med anor från 16-talet

tillverkades från en kombination av kitt och

människohår . Andra 16-talet versioner gjorda av djur

päls , rep tillverkat av djur tarmar och muskler , och

furu har påträffats i skotska slott. På 18-talet var remsor av ull lindas hårt runt en

kärna framställd genom valsning av ett antal remsor till en liten boll .

String sedan bunden i många riktningar över bollen och

en vit duk som täcker sys runt den.

I början av 1870-talet , den modifierade omgång lawn tennis

uppstod i Storbritannien genom banbrytande insatser Major

Walter Clopton Wingfield och Harry Gem . Wingfield

marknadsförs tennis -apparater , som inklusive fasta gummibollar

importeras från Tyskland . Dessa var ljus och grå eller

röd färg med ingen täckning . Deras bär och spela

fastigheter förbättrades genom att täcka dem med flanell

sytt runt gummikärna . Genom 1882 , var Wingfield

reklam hans tennisbollar som insvept i tjock tyg

görs i Melton Mowbray , England .

Bollen utvecklades ytterligare genom att göra kärn ihåliga ,

och , under slutet av 1920-talet , tryck den med gas . Detta

Förändringen har lett till stora framsteg i tennis eftersom det nya

bollar studsade högre och bättre , vilket gör att snabbare skott .

Sedan 1972 har de officiella tennisbollar färgats gul

att förbättra sikten på tv . Endast Wimbledon

motstod detta drag . De fortsatte att använda den traditionella vita bollar till 1986.

Pingisbollar

Spelet i bordtennis eller pingis härstammar från

Storbritannien under 1880-talet där det spelas som en afterdinner

sä lskapsspel . Det har föreslagits att britt

militärer i Ind en eller Sydafrika utvecklades först

leken. En rad av böcker stod upp längs mitten

i tabellen som ett nät , två fler böcker gjorde som racketar

och en golf - boll blev påkörd från ena änden av bordet till det

andra och tillbaka . Alternativt var paddlarna gjord av

cigarr box lock och kulorna ur champagnekorkar . Tidig

racketar var ofta bitar av pergament sträckte på

en ram, och genererade ljud som gav spelet dess

första smeknamn av wiff - waff och Ping - Pong . Den senare var

flitigt innan brittiska speltillverkarenJ. Jaques

& Son Ltd varumärkes det 1901 . Ping - Pong kom därefter till

begränsas till det spel som spelas med hjälp av ganska dyra

Jaques utrustn ng medan andra tillverkare som kallas

det bordtennis . En liknande situation uppstod i Förenta

Stater där Jaq es sålde rättigheterna till leksaksföretag

Parker Brothers .

De bollar som används i de tidigaste bordtennis spel var

oftast gjort av snöre , snöre, gummi eller kork . e mellertid

gummi bollar studsade alltför vilt och korkbollarstudsade

alltför dåligt . En viktig nyhet i spelet gjordes av James Gibb , en brittisk bordtennis entusiast . han

upptäckte nyhet bollar gjorda av celluloid , en tidig

plast , på en resa till USA 1901 , och fann dem

vara idealisk för spelet . Detta följdes av E. C. Goode

som , 1901 , uppfann den moderna versionen av racket

genom fixering av ett ark av pimpled gummi till trä bladet.

På 1950-talet racketar som lagt en underliggande svamp

skikt förändrat spelet dramatiskt , införa ökad

spinn och hastighet. Användningen av hastighets lim ökade spinn

och hastighet ytterligare. År 2000 , den internationella tabell

Tennisförbundetinstiftade flera förändringar i de regler ,

bland annat att öka diametern på kulorna från 38

mm till 40 mm . Denna förändring ökade sin luftmotstånd

och effektivt bromsat spelet, vilket gör det lättare

att följa på tv . Dock skapade flytten några

kontroverser . Den kinesiska landslaget hävdade att det

var endast avsedda att ge icke - kinesiska aktörer en bättre

chans att vinna ! Idag , officiella 40 mm pingisbollar

väger 2,7 gram , är gjorda av ett hög - studsande luftfylld

plast och färgade vita eller orange . På senare tid

stor boll bordtennis , som är ännu långsammare eftersom den använder

en diameter kula 44 mm, har också blivit populärt.

PINWHEELS

En virvel är en enkel barns leksak gjord av ett hjul av

papper eller plast lockar , fäst vid en pinne på sin axel genom

ett stift . Det är en föregångare ti l mer komplicerade Whirligigs ,

populärt kallas whirlygigs , serie vindflöjlar ,

whirlijigs , och många mer lika intressanta namn .

Den första uppfinnaren av whirligig eller lyckohjul är inte

känt, men det har en ång historia som sträcker sig över hela världer .

Vindflöjlar , som är nära relaterade till vindsnurror , var

först användes mellan 1800 och 1600 f.Kr. av bönder och sjömän

i Sumerien . Man tror att den första kända whirligig leksak

- Draken fjärilen , en snurrande propeller gjord av bambu

och inledde genom att rulla ett stick - hade uppfunnits i Kina

från 400 f Kr . Under den 9: e århundradet , iranier i Sassanid

Empire använde horisontella vindkraftverk för bevattning ,

göra vinddrivna Whir igigs tekniskt möjligt. Tråkigt nog ,

ingen virvlande av denna period har överlevt bortsett från en

Egyptisk sträng gående docka från 100 f Kr .

Tillsammans med komslipväderkvarnar, Whirligigs och

vindsnurror nådde Europa på 1200-talet . Den första kända

visuell representation av en europeisk whirligig inne

i en medeltida gobeläng föreställande barn som leker med en

snurra . Whirligigs i formen av tvär blev

modet i målningar av de 15th och 16th århundradena , som Hieronymus Bosch målning, Kristusbarnet med

rullator , cirka 1480-1500 . Shakespeare använde

" snurra " som en metafor för "vad som går runt kommer

runt " (tolfte natt , Act V - I) :

Feste : Och så litet mirakel av tiden kommer med i hans hämnder .

Den första inspelade bevis på vindsnurror i Förenta

Staterna är relaterad till George Washington som det är sagt , genom

" Whilagigs hemmet från frihetskriget . Den 1819

publikation av Washington Irving av The Legend of Sleepy

Hollow nämner litet mirakel som : " en liten trä krigare

som , beväpnad med ett svärd i varje hand , var mest tappert

slåss vinden på toppen av ladan . " 1929 ,

individer att göra en levande genom att utforma Whirligigs som

trädgårdsprydnader och barnunderhållning .

Dagens vindsnurror av olika storlekar och former är funnen

i hela landet , som säljs av leksaker säljare och även på

leksaksaffärer , som billiga leksaker för barn . Artister i

Kina bygga vindsnurror i flera färger för kinesiska

Nyår . Folk ställer personliga meddelanden på den yttre

blad av dessa vindsnurror för vinden att fånga och sprids

till universum som önskemål för det kommande året .

SCRABBLE

Historien om Alfapet börjar under den stora depressionen ,

omkring 1931 , när Alfred Mosher Butts , en out -of - arbete

arkitekt från Poughkeepsie , New York , bestämde sig för att

uppfinna ett brädspel . Analysera de andra brädspel i

marknaden , fann han att de föll in i tre kategorier :

nummerspel som tärningar och bingo , flyttar spel

som Schack , och ord spel som anagram .

Att försöka skapa ett spel som skulle använda både chans

och skicklighet , Butts kombinerade funktioner i anagram och

korsord . Först kallade Lexiko , hans spel var senare

heter Criss - Cross Words . Att besluta om brev fördelning ,

Butts studerade förstasidan av populära tidningar

som The New York Times , New York Herald Tribune och The

Saturday Evening Post , och gjorde noggranna beräkningar av

brev frekvens. Butts " kryptoanalys av engelska

och hans ursprungliga fördelningen av plattor har förblivit giltigt

sedan dess.

Genom 1938 , hade Butts avslutat den grundläggande utvecklingen av

Criss - Cross Words . För mer än ett decennium , fixade han

och mixtrar med reglerna när han försökte - och ständigt

inte - för att locka en företagssponsor . Även den amerikanska

Patentverket avslog hans ansökan inte en gång utan två gånger .

Slutligen Butts kontaktad av James Brunot , ett spel - loving entreprenör från Newtown , Connecticut , som

var en av de få ägarna till en av de ursprungliga Criss -

Cross Words uppsättningar. Brunot trodde att spelet ska

marknadsföras . Han köpte rätt gheterna att tillverka den

spel i utbyte mot beviljande Butts en royalty på varje

såld enhet . Även om han lämnade de flesta av spelet (inklusive

fördelningen av bokstäver) oförändrad , Brunot något

ordnas de " premium " torg i styrelsen och

förenklade reglerna . Han kom också upp med den ikoniska

färgschema - pastellrosa, baby blå , indigo , och ljus

röd - och utarbetat den 50 - punkten bonus för att använda alla sju

brickor för att göra ett ord .

Viktigast Brunot kom med namnet Alfapet

och varumärkesskyddade Scrabble Brand Lathund Game

1948 . Det fick långsam men stadig popularitet bland

en jämförande handfull konsumenter . Sedan 1952 , som

legenden , Jack Strauss , som var ordförande för

Macys varuhus , upptäckte spelet samtidigt på

semester . På att gå till jobbet , han var förvånad över att

upptäcker att hans butik inte bära den och lade en stor order .

Inom ett år , alla måste ha en, till den grad att

Scrabble spel var som ransone i butiker runt om i

USA: Idag Scrabble har blivit en av de mest populära

brädspel runt om i världen .

mONOPOL

Historien om Monopol kan spåras tillbaka till början av

20-talet . Den tidigaste kända designen var av en

Amerikanskt namngav Elizabeth Magie . År 1904 patenterade hon

Hyresvärden Game med en pedagogisk mål -

för att visa att hyrorna berikat fastighetsägare och

fattiga hyresgäster . Magie lämnat in sin uppfinning

att spelföretaget Parker Brothers omkring 1910 , men de

avböjde att publicera den .

En förkortad version av Magie match blev vanliga

under 1910-talet som Auktion Monopol . Den spred sig från mun

i munnen och spelades i olika hemlagade varianter

under åren. Magie själv patenterat en reviderad version

som ingår gatunamn 1924 . Daniel Lekman började

sälja en version som heter Den fascinerande Game of Finance ,

senare helt enkelt Finans , 1932 . Ruth Hoskins lärt sig

spel från Layman och utvecklat en ny styrelse med

Atlantic City gatunamn . Denna styrelse var den som lärde

Charles E. Todd , er hotellchef i Germantown ,

Pennsylvania . Todd i sin tur lärde Esther Darrow , fru

av en inhemsk värmare försäljare från Philadelphia som heter

Charles Darrow .

Efter att lära sig spelet , började Darrow fördela det själv som Monopol . Han skickade den till Parker Brothers 1934 .

De förkastade det som att ha " femtiotvå grundläggande konstruktion

fel "och att vara" alltför komplicerad , alltför tekniskt , [och det]

tog för lång tid att spela . " Vid 1935 emellertid , hörde företaget

om Monopol utmärkta försäljning och köpt rättigheterna från

Darrow . Senare samma år blev de medvetna om att Darrow

hade kopierat spelet från en vän . De köpte sedan ut

Magie s 1924 patent och upphovsrätten för andra kommersiella

varianter av spelet , såsom finans , Inflation , Big Business ,

Easy Money , och förmögenhet för att förhindra framtida rättsliga utmaningar .

Monopol först salu på bred skala av Parker

Bröder i 1935. Bytte några av reglerna , såsom

som att lägga " närspel " och " tidsfrist " regler , och var

producera 20.000 exemplar av spelet inom en månad . den

snabbt blev den mest populära brädspel i Amerika

och sedan världen . Nästan 200 miljoner Monopol spel

har sålts hittills.

Visste du att?

Under andra världskriget , skapade den brittiska Secret Service

en specialutgåva av Monopol för krigsfångar som hölls

av nazisterna . Gömd inuti dessa spel var kartor ,

kompasser , riktiga pengar och andra föremål som är användbara för flykt .

Dessa speciella spel delades ut till fångarna från

falska välgörenhet grupper .

Frisbees

Den Frisbie Baking Company startades i Bridgeport ,

Connecticut från amerikansk affärsman William Russell

Frisbie . Den sålde pajer i ljusa tenn kokkärl med Frisbie stämplat

i relief på botten. Hungriga studenter i New

England upptäckte så småningom (kanske runt 1940) som

den tomma paj burkar eller kaka - tennlockkan kastas och

fångas , som ger ändlösa timmar av " Frisbie -ing " roligt .

Under tiden , en Los Angeles byggnadsinspektör vid namn

Walter Frederick Morrison hade upptäckt en marknad för

den moderna flygande skiva 1938 , när han och framtid

hustrun Lucile erbjöds 25 cent för en tårta pan att de

gungade fram och tillbaka till varandra på stranden i

Santa Monica , Kalifornien . " Det fick hjulen att vrida ,

eftersom du kan köpa en tårta pan för 5 cent , och om

människor på stranden var villiga att betala en fjärdedel för det ,

ja, det var ett företag , " Morrison sade under 2007 .

Efter andra världskriget , Morrison skissade en design för en

aerodynamiskt förbättrad frisbee som han kallade

Whirlo - Way . År 1948 , Morrison och hans partner Warren

Franscioni uppfann en plast version som kunde flyga vidare

med mycket bättre noggrannhet och döpte den till Flyin - tefat .

Efter ytterligare konstruktions förbättringar i 1955 , började Morrison producera en ny skiva , som han namngav Pluto Platter

att tjäna pengar på den växande populariteten för UFO med

Amerikanska allmänheten . The Pluto Platter har blivit det grundläggande

konstruktion prototyp för alla frisbees .

Richard Knerr och Arthur K. " Spud " Melin var

ägare av ett leksaksföretag som heter " Wham - O " , som de

startade i ett garage i San Gabriel , Kalifornien , 1948 . De

övertygade Morrison att sälja dem rätten till sin konstruktion

och började produkt onen av fler Pluto Platters 1957 .

Knerr började också eta efter en catchy nytt varumärke

att hjälpa till att öka försäljningen . Han hörde talas om den ursprungliga användningen av

begreppen " Frisbie " och " Frisbie - ing " av studenter

i New England och lånat från de två orden till

skapa det registrerade varumärket Frisbee .

Edward E. " Steady Ed " Headrick var en annan nyckelperson

bakom framgångarna med frisbees . Han var en amerikansk

uppfinnare som arbetade för Wham - O . Headrick omgjorda

Pluto Platter , skapa en mer kontrollerbar skiva som

kan kastas korrekt . Försäljningen sköt i höjden och

ny design blev grunden för de flesta moderna frisbees .

Headrick senare uppfunnen Freestyle frisbee och Frisbee

Golf . 1967 gymnasieelever i Maplewood , New

Jersey uppfann sporten Ultimate Frisbee . Idag är det

spelas i minst 42 länder .

BINGO

Historien om Bingo och liknande spel som Housie ,

Tombola och Keno kan spåras tillbaka till 1530 , till en staterun

Italienska lotteri som heter Lo Giuoco del Lotto d' Italia ,

som fortfarande spelas varje lördag i Italien . från Italien

spelet introducerades till Frankrike i slutet av 1770-talet ,

där det hette Le Lotto och spelade bland

rika . Detta lotteri - typ bingospel blev snart en

vurm över hela Europa . Tyskarna spelade också en

version av spelet på 1850-talet , men de använde det som en

pedagogiskt stöd för att hjälpa eleverna att lära sig stava , djur namn och multiplikationstabellen .

När spelet nått Nordamerika i början av 20-

talet blev det känt som Beano Det var ett land rättvis

spel där en återförsäljare skulle välja numrerade skivor från en

cigarrlåda och spelarna skulle markera sina kort med bönor .

De skrek beano om de vann . Hugh J. Ward standardiseras

den moderna spelet på karneveler runt Pittsburgh ,

Pennsylvania i början av 1920-talet .

En decemberkväll 1929 , en New York leksaksförsäljare

vid namn Edwin S. Lowe kom på ett land karneval

nära Jacksonville , Florida . Alla karnevalen bås var

stängd utom en , som var packad med folk . Åtgärden centrerad på en hästskoformad bord täckt med

numrerade kartongblad , gummi numreringsstämplar,

och torkade bönor . Spelet som spelas var en variant

av Lotto kallades Beano , med hjälp av Ward s regler . Försökte Lowe till

spela Beano den kvällen , men , minns han , " jag kunde inte få en plats

... Spelarna praktiskt taget beroende av spelet . "

Återvänder hem till New York började Lowe genomför

Beano spel som liknar den som han hade bevittnat . hans

vänner älskade dem . Snart spelade Beano med

samma spänning och upphetsning som han sett på

karneval . Under en session , en av vinnarna hoppade

upp , blev tunghäfta , och i stället för att ropa Beano

stammade B-B -B- BINGO ! Lowe sade senare att detta var

ögonblick då han bestämde sig för att marknadsföra spelet som Bingo .

Bingo blev en omedelbar succé och satte Lowes företag

på fötter . Den största bingospel i historien

spelades på 1930-talet i New Yorks Teaneck Armory -

60.000 spelare , med en annan 10.000 förvandlas bort på

dörren , och 10 bilar ges bort som priser . av

1940-talet , var Bingo spel som spelas över hela USA

I dag , mer än $ 90.000.000 spenderas på bingo varje vecka

i Nordamerika ensam.

KITES

Drakar utvecklades först omkring 2800 år sedan

i Kina . Den allra första kite kan ha skapats av

Mo Di , en berömd filosof som sägs ha gjort

en örn - formad drake med trä . South Sea öbor

har också använt drakar för fiske sedan mycket lång tid .

Tidiga drakar användes för militära ändamål också . För

exempel , omkring 200 f.Kr. Kinesiska General Han Hsin flög

en drake över väggarna i en hårdbevakad slott och används

geometri för att avgöra hur långt hans armé skulle behöva

tunnel för att nå förbi försvaren .

Drakflygning småningom spred sig från Kina till Korea och

Indien. De äldsta bevisen på indiska drakflygning kommer

från miniatyr Mughal eran målningar . I Thailand , varje

monark skulle ha en drake konstruerad för sig själv .

Det finns många teorier om hur draken infördes

i det europeiska samhället . Marco Polo kan ha infört

det i slutet av 13 -talet . Alternativt , sjömän från

Japan och Malaysia kan också ha gjort det i den 16: e

och 17-talen . Drakar var sena att komma fram i Europa men

av den 18: e och 19-talen de används som

fordon för vetenskaplig forskning . År 1749 , skotsk vetenskapsman

Alexander Wilson och hans elev använde ett tåg av drakar för att samtidigt mäta lufttemperatur på olika nivåer

över marken . År 1750 , Benjamin Franklin publicerat

ett förslag om att bevisa att blixten är el genom att flyga

en drake .

1822 , engelsk skollärare och uppfinnaren George

Pocock använde ett par av drakar på en enda rad 1.500 till 1.800

meter lång för att dra en vagn som bär flera passagerare på

hastigheter upp till 20 miles per timme. Eftersom vägavgifter på

tiden var baserade på antalet hästar en vagn

används , var Pocock befriade från att betala några avgifter.

År 1898 , Guglielmo Marconi gjorde den första lyckade trådlösa

överföring över vatten från ön Flat Holm i

Bristol Channel med hjälp av en drake att lyfta sin antenn . År 1899 , den

Bröderna Wright byggde en liten lättmanövrerad kite för att kontrollera

sina idéer om vinge skevhet i flygplanskontroll. Detta spelade en

direkt roll i deras framgångsrika motordrivna flygning 1903 .

Amerikansk Samuel Franklin Cody s man - lyft box drakar

infördes 1901 och användes av den brittiska

armén under första världskriget för att ersätta artilleri observation ballonger. Tyskarna använde också dessa drakar att öka

visningsområdeför yt - cruising ubåtar . I

1999 använde ett lag kite makt för att dra slädar hela vägen till

Nordpolen !

rullskridskor

Skridskoåkning har länge varit en populär metod för att resa

den frusna holländska kanalerna i vinter , men en okänd holländsk

uppfinnare i början av 18 -talet ville åka skridskor i

sommar . Han spikade trä spolar till remsor av trä och

fäst dem på sina skor , och därmed upptäckt torra land

skridskoåkning eller Skeeling .

Den första inspelade roller skate uppfinnaren var en belgisk

heter John - Joseph Merlin . År 1760 visade han en

primitiv inline skate med metallhjul och även deltagit

en maskerad iklädd en av hans nya metalwheeled

stövlar . Att vilja göra en storslagen entré , Merlin

rullade in medan du spelar fiol . Men kraschade han in i

väggen längd speglar som kantade balsalen , vilket orsakar

allvarliga skador och leder honom att överge sin uppfinning .

Det första patentet på en rullskridskokonstruktion utfärdades i Frankrike

till en M. Petitbled 1819. Den gjordes av en trä sula som

fäst till undersidan av en känga försedd med 2-4

rullar av koppar , trä eller elfenben och arrangerade i en

enda rak linje. År 1823 , Robert John Tyers , en frukt - säljare

i Piccadilly , London , patenterat en skridsko som kallas Volito ,

beskrivs som en " apparat som skall knytas till stövlar ... för

Syftet med resande eller nöje . " Dessa tidiga skridskor var inte mycket lättmanövrerad , men expert skridskoåkare kunde

replikera några av deras drag på dem . Stor allmän skridskoåkning

isbanor öppnas i flera europeiska städer från 1850-talet .

Den fyrhjuliga vända roller skate eller quad skridsko , tillverkad

med fyra hjul som i två sida- vid-sida- par, var först

designad 1863 , i New York , med amerikansk uppfinnare

James Leonard Plimpton i ett försök att förbättra

tidigare konstruktioner. Designer får lättare svängar och

manövrerbarhet , inklusive möjligheten att åka baklänges

och gör plötsliga stopp , och detta ledde till att det är en enorm

framgång. Som ett resultat blev Plimpton känd som far

av dagens moderna rullskridskor .

Rullskridskor höll på att massproducerasi Amerika av

1880-talet . År 1884 fick Levant M. Richardson patent

för användning av stålkullager i skridskohjul , vilket resulterar

i lättare skridskor med minskad friktion . Utformningen av

quad skridsko förblev i stort sett oförändrad efter att

och dominerade branschen i mer än ett sekel .

Slutligen in-line- skridskor med en enda rad av hjul

blev populär. På 1980-talet , bröderna Scott och Brennan

Olson, i Minneapolis , började Minnesota designa och

säljer inlines som kallas Rollerblades , som gav en

mycket mjuk gång , speciellt utomhus . Idag sådana skridskor

dominera marknaden .

NALLEBJÖRN

Theodore Roosevelt , mer känd som Teddy Roosevelt ,

den 26: e presidenten i USA , är den person

ansvar för att ge nalle sitt namn . Roosevelt

var att hjälpa till att lösa en gränstvist mellan USA

delstaterna Mississippi och Louisiana . Den 14 november 1902

han deltog i en björnjakt i Mississippi när vissa

av hans skötare hörn , klubbades , och bundit en amerikansk

Black Bear till ett pilträd efter en lång , utmattande jakt

med hundar. Roosevelt vägrade att skjuta skadad björn

själv , säger att det skulle vara osportsligt , men beställt

det att bli dödad för att sätta den ur sitt elände . Två dagar senare , den

Washington Post körde en redaktionell tecknad av den politiska

serietecknaren Clifford K. Berryman heter Rita linjen i

Mississippi som visade både linjetviststaten och

björnjakt . Den tecknade och historien berättas blev populär

och inom ett år , dök nalle leksak .

Ingen är riktigt säker på vem gjorde den första nallen .

Den mest populära berättelsen handlar Morris Michtom , som

ägde en liten nyhet och godisbutik i Brooklyn , New

York. En dag hans fru Rose skapade lite uppstoppad björn

cub från plysch excelsior och slutade med svart sko

knappögon . Snart därefter , Michtom hört talas om

Berryman s tecknade och satte björnen i sitt skyltfönster för visning . Många kunder började då att fråga om

köpa den . Sensing en affärsmöjlighet , skickade Michtom

en till Roosevelt , fått tillstånd att använda hans namn

och började sälja Teddys björnar . Leksakerna var en

omedelbar framgång . Inom ett år , grundade Michtom den

Ideal Novelty och Toy Company . som kom att bli

ett av de största leksaksföretagen i världen .

Ungefär samtidigt i Giengen , Tyskland, Steiff

Firm producerade en uppstoppad björn från design av Richard

Steiff . Den ställdes ut på Leipzig Toy Fair mars

1903. Där Hermann Berg , en köpare till en amerikansk leksak

företag , såg det och genast beordrade 3000 ska skickas

till USA . De Steiffs säljs sedan 12000 anligger vid

Saint Louis världsutställningen 1904 och fick guldet

medalj , den högsta utmärkelsen vid evenemanget . Denna typ av leksak

Björnen blev också förknippas med berättelser om president

Roosevelt och blev känd som en Teddy .

Genom 1906 , andra än Michtom och Steiff tillverkare

hade gått in och vurm för Roosevelt Bears var

så att damerna bar dem överallt , var barn

fotograferad med dem , och Roosevelt använde en som

en maskot i hans anbud för omval .

Kamera

Fotografiska kameror är baserade på kameraobscuraen ,

som går tillbaka till de gamla kinesiska och greker . den

använder ett hål eller linsen att projicera en upp och ner bild av

scenen utanför . År 1685 byggde tyska Johann Zahn den

första camera obscura som var liten och portabel nog

för att vara praktiska för fotografering, över 150 år innan

fotografering var ännu uppfunnit .

Det var fransmannen Joseph Niépce som tog den tidigaste

kända fotografier, omkring 1827 . Andra uppfinnare

uppfann bättre fotografiska processer, daguerreotypes

och calotypes , snart efteråt . Men dessa fotografiska

processer fortfarande baserade på kameror som liknar Zahn s

17-talet modell . Dessa hade en glidande - box design med

linsen placeras i den främre lådan och ett andra, något

mindre bakom det som kunde flyttas för fokusering .

Den mekaniska slutaren uppfanns på 1870-talet , vilket

tillåts för kortare exponeringstider .

Fotografisk film , ursprungligen gjord av papper och senare

celluloid , var uppfunnen av amerikansk George Eastman i

1885. Hans första framgångsrika kamera , Kodak , började säljas

1888 . Det var en enkel och billig låda kamera med

en fast fokus objektiv , en slutartid , och tillräckligt med film för 100 exponeringar . År 1900 lanserade Eastman Brownie ,

ett ännu enklare och billigare box kamera som snart blev

mycket populära Brownie aktiverat utbredd amatör

fotografi såsom snapshots och vykort .

Oskar Barnack , som arbetade på den tyska Leitz ,

uppfann kompaktkameror som används små negativ , till exempel

som 35 mm omfattande biograffilm. Leitz lanserade världens

första 35 mm kamera , Leica I , 1925 . En enda - objektiv

reflex SLR , använder kameran sin egen lins för att förhandsgranska exakt

vad som kommer att fotograferas . Den första SLR- kamera som

används 35 mm film var Kine Exakta 1936 .

Den Folaroid Model 95 , världens första instant kameran ,

ritades av amerikanska uppfinnaren Edwin Land och

lanserades 1948 . Den producerade färdiga positiva utskrifter

från exponerade negativ i mindre än en minut . Den

första billig polaroidkamera , modell 20 Swinger

lanserades 1965 . blev en stor framgång och är fortfarande en

av de bästa säljande kameror genom tiderna . Fuji introducerade

ständigt populära engångs eller engångskameror i 1986 .

Med tillkomsten av moderna digitalkameror, som använder en

elektronisk bildsensor och minne för att ta bilder

istället för fotografisk film , analoga eller filmkameror har

nästan fullständigt försvunnit från marknaden .

Kamerablixtar

Fotografering med artificiellt ljus går tillbaka till 1839

När L. Ibbetson använt knall ljus , även känd

som rampljuset , när du fotograferar mikroskopiska objekt .

Emellertid var de resulterande bilderna skarpt upplysta och

visade kritvita , bleka ansikten .

Félix Nadar , en fransk fotograf och journalist ,

fotograferade kloakerna i Paris med enbart batteryoperated

belysning. Men det var inte förrän 1877 som Henry Van

der Weyde öppnade den första studion med hjälp av elektriskt ljus i

London. Drivs med en gasdriven dynamo , hade det nog

ljus för att tillåta exponering av endast 2-3 sekunder .

Behovet av ännu kortare exponeringar lett till användning av

magnesium , som är mycket lättantändlig och brinner snabbt

med ett starkt ljussken . By 1864 , magnesium ledningar och

band fanns till försäljning . Metallen brändes i urverk

lampor med reflektorer . Eftersom förbränningen var ofta

ofullständig , exponeringar tenderade att variera kraftigt . Den

Metoden var också osäkra och släppte en hel del rök och

aska. Ändå förblev populär magnesiumlampor

genom 1880-talet .

År 1887 , tyska kemister Adolf Miethe och Johannes Gaedicke blandade fint magnesiumpulvermed kalium

klorat, ett oxidationsmedel , för att producera Blitzlicht . Detta var

den första allmänt använda blixt pulver . Blitzlicht hade

förmåga att producera fotografier på natten med mycket hög

slutartider och blev mycket populär . Emellertid

kombination som ibland ledde till explosioner , som orsakade en del mycket allvarliga olyckor .

Amerikanska Joshua Cohen uppfann blixtlampan1899 .

Det brukade torrbatterier till elektroniskt antända flash

pulver. År 1929 , det Vacublitz , den första riktiga blixtlampa,

infördes i Tyskland av Hauser Company. den

liknade Cohens uppfinning men brände aluminium

folie i en glaskov . Flash lökar var säkra , ljudlösa , och

rökfri . Genom 1930-talet , blev de synkroniserade med

kameraslutare , vilket gör blixtfotografering enkelt även

för amatörer . varje lampa kan bara användas en gång , så den

tidigt 1960-tal . företagen hade börjat paketera flera lampor

in i en enhet, såsom Kodaks Flashcube , som hade fyra .

1951 Harold ' Doc ' Edgerton av MIT producerade

första elektroniska blixtrör . Elektroniska blinkar använder en hög

spänning för att generera en elektrisk ljusbåge genom xenongas

i ett glasrör . De är billiga , uppladdningsbara, och

deras intensitet kan enkelt kontrolleras . Idag har dessa

helt ersatt blixtkuber .

BILBÄLTEN

En av de första fall av att använda bilbälte hänt

Under början av 19 -talet då den berömda engelska

ingenjör och flygare Sir George Cayley uppfunnit en typ

av bilbälte för användning i hans glidflygplan . Även om Edward J.

Claghorn of New York fick den första bältespatent

1885 , var hans uppfinning tänkt att användas av konstnärer och

brandmän , inte bil passagerare . År 1911 , amerikansk

flygare Benjamin Foulois utformat en sele för sätet

av hans Wright Flyer Signal Corps 1 flygplan . Han ville att det skulle

hålla honom fast i sin stol så att han kunde bättre kontrollera sin

flygplan på de grova fält som används för start och landning .

Det var dock inte förrän andra världskriget att säkerhetsbälten

blev standard i militära flygplan .

Under 1930-talet , flera amerikanska läkare utrustade

sina egna bilar med två - punkts " höftbälten " och började mana

tillverkare att ge dem i alla nya bilar , men med lite

framgång. År 1954 , dock Sports Car Club of America ,

nu NASCAR , gjort höftbälten obligatorisk för alla förare

under biltävlingar . Nästa år , Dr C. Hunter Shelden

i Pasadena , Kalifornien , föreslog inte bara det infällbara

bilbälte , men också infällda rattar , förstärkt

tak, störtbågar , dörrlås och passiva begränsningar, såsom

luftkuddar för att förbättra fordonssäkerheten . Olika läkare , polis och auto branschorganisationer runt om i världen också

började förespråka säkerhetsbälten runt denna tid . amerikansk bil

tillverkare Nash (1949) , Ford (1955) , och Chrysler (1956)

började erbjuda säkerhetsbälten som alternativ , medan den svenska Saab

introducerade höftbälten som standard 1958 . Många Ford

annonser av perioden framträdande nya

Lifeguard säkerhetsfunktioner - inklusive säkerhetsbälten .

Den moderna trepunkts " knä och skuldra " bilbälte används

i de f esta konsument fordon idag patenterades 1955 av

den amerikaner Roger Griswold och Hugh DeHaven . Detta

Modellen har förbättrats ytterligare på av svenska uppfinnare

Nils Bohlin för svenska biltillverkaren Volvo , vilket

introducerade det som standardutrustning 1959 . Dessutom

att u:forma trepunktsbälte , visade Bohlin dess

effektivitet i en studie av 28.000 olyckor i Sverige . I

1962 beviljades han ett amerikanskt patent för enheten . Sådana bälten

blev en standard säkerhetsanordning i de flesta bilar från 1970-talet .

År 1963 , den amerikanska kongressen passerade lagstiftning som kräver

alla bilar för att uppfylla vissa säkerhetskrav .

Världens första bältes lagen infördes 1970 ,

i delstaten Victoria , Australien , gör det obligatoriskt

för förare och framsätespassagerare . Idag är de flesta delar

av världen har sådana lagar . Under 2002 Volvo beräknar att

bältet hade redan sparat över en miljon liv .

vindrutetorkare

Uppfinnaren Mary Anderson i Birmingham , Alabama

krediteras med att ta fram den första fungerande vindrutan

torkare 1903 . På en frysning , blöt vinterdag runt

år 1900 , var Anderson rider en spårvagn på besök i

New York City när hon märkte att föraren kunde

knappast se genom hans snöblandat regn -krönta främre vindrutan .

Vagnen främre fönster delades upp i delar så att

Föraren kan öppna den , flytta snö eller regn - täckta

avsnitt ur hans synfält , men detta system fungerade

mycket dåligt . Det exponerade förarens avslöjats ansikte , inte

tala om alla passagerare som sitter mot fronten ,

till det dåliga vädret och förbättrade inte hans förmåga att se

vart han skulle , i alla fall .

Anderson började skissa hennes torkaranordningdirekt

på spårvagnen . Efter ett antal misslyckade start , kom hon

upp med en prototyp som fungerade - en uppsättning torkararmarna

som var gjorda av trä och gummi och fäst vid en

spaken nära ratten av förarnas sida . När

föraren drog i spaken , det släpade den fjäderbelastade

arm över fönstret och tillbaka igen , rensa bort

regndroppar , snöflingor , eller annat skräp .

Anderson hade en modell av hennes design tillverkas och sedan in hon en patentansökan , US 743.801 , som var

utfärdat den 10 november 1903. I hennes patent , Anderson

kallade henne uppfinning ett fönster rengöringsanordningför elektrisk

bilar och andra fordon . Försökte hon sedan till räntor

företag till att producera enheten . Olyckligtvis

folk hånade hennes uppfinning , säger att torkarna "

rörelse skulle distrahera föraren och orsaka olyckor ,

och patentet gått ut så småningom .

Amerikanska John R. Oishei bildade Tri - Continental

Corporation 1917 , som introducerade den första vindrutan

torkare , Regn Gummi , de slitsade , tvådelade vindrutor

hittas på många av de bilar av tiden. Dessa

tidiga mekaniska vindrutetorkare måste drivas

för hand. Antingen föraren eller en passagerare fick jobba en

vev att torkarna gå fram och tillbaka !

Inventor William M. Folberth sökt patent för en

automatisk vind-utetorkare apparat 1919 , vilket var

bev ljades 1922 . Torkarna drevs av en luftmotor,

en enhet som är ansluten med ett rör till inloppsröretav bilens

motor. Den nya vakuumdrivnasystemet blev snabbt

standardutrustning på bilar , och var i bruk till

ca 1960 . Moderna elektriska vindrutetorkare, fäst till toppen av

vindrutan , skapades av Bosch så tidigt som 1926 , men

var ursprungligen reserverad endast för lyxiga modeller .

KREDITKORT

År 1730 , Christopher Thompson , en engelsk möbler

köpman , skapade den första kända reklam för krediter

genom att erbjuda möbler som skulle kunna betalas ut veckovis . hans

Tanken var plockas upp och användas fram till början av 20 -talet av

tallymen . Tallymen sålde kläder som kunderna skulle kunna betala för

i små veckoutbetalningar . De höll en sammanställning av vad folk

hade köpt på träkäppar markerade med skåror .

Under sent 1800-tal , köpmän rutinmässigt utbytte

varor på kredit , med kredit- mynt och laddningsplattoragerar

som valuta . I början av 1900-talet , amerikanska oljebolag

och varuhus började utfärda proprietära kort

som bara accepterades på sina egna företag . Detta

system av kredit tog ett steg framåt 1914 , då Väst

Unionen gav några av sina stamkunder Metal pengar ,

en metall-kort som kan användas för räntefria uppskov

på sina betalningar . Andra branscher som olja ,

telefoner , järnvägar och flygbolag började erbjuda liknande

kort till allmänheten under 1930-talet .

Den amerikanska förbjöd alla kredit-och betalkort under

Världskriget . Emellertid började verksamheten blomstrar

igen så snart kriget var över . Den första bankkort ,

namngav Laddningen - It, introducerades 1946 av John Biggins , en bankir i Brooklyn , New York . Inköp kan bara vara

görs lokalt och kortinnehavare måste ha ett konto hos

Biggins "bank .

År 1949 , en man vid namn Frank McNamara hade ett företag

middag på en restaurang i New York , men glömde att ta med sin

plånbok. Upplevelsen övertygade honom om att det behövs en

alternativ till kontanter . Nästa år McNamara och hans partner

lanserat en liten pappkortheter Diners Club-kort .

Används främst för resor och nöjen , det var den första

sann kreditkort. Men fortfarande hade räkningen att vara helt

betalas varje månad . År 1958 lanserade American Express deras

eget kreditkort för att konkurrera med Diners Club .

Den första roterande - kreditkortet utfärdades av Bank of

Amerika 1958 . BankAmericard var först med att erbjuda

kortinnehavare betalningsalternativ ; de inte längre fick betala

hela sin räkning varje månad .

År 1966 , en grupp amerikanska banker gått samman för att

skapa inter Carc Association (ICA) , som nu kallas

Mastercard , för att utfärda kort och transaktioner.

Bank of America etablerade Bankamerica Tjänst

Corporation , som numera kallas VISA, samma år . dag

VISA och Mastercard är världens ledande kreditkort

föreningar.

Textmeddelanden (SMS)

Idag 3,6 miljarder människor eller 78 procent av al a mobiltelefoner

abonnenterna använder SMS , även känd som textmeddelanden .

Mer det var en olyckshändelse framgång som tog nästan

alla mobilbranschen med överraskning . berättelsen

börjar i början av 1980, under processen för att skapa

Global System for Mobile Communications (GSM)

Matti Makkoner , en finsk ingenjör , föreslog en tidig

SMS- koncept under utvecklingen av GSM . Hans idé

var en mycket enkel meddelandesystem som skulle fungera

även när den mottagande enheten var avstängd eller

utanför dess täckningsområde . SMS- konceptet var ytterligare utvecklats inom den fransk-tyska GSM samarbete

1984 av Friedhelm Hillebrand och Bernard Ghillebaert .

Deras nyckel Tanken var att återanvända GSM-nätet , vilket var

optimerad för röstsamtal , för transport av textmeddelanden

under så kallade signalintervallsom behövs för att

kontrollerar rösttrafik . Detta tillåtet utnyttjande av oanvänd

systemresurser till minimal kostnad.

År 1992 Neil Papworth av Sema Group var den första som

skicka ett SMS-meddelande , med hjälp av en dator på Vodafone

GSM-nät i Storbritannien. Budskapet var " Merry

Christmas " , skickas till Richard Jarvis av Vodafone , som använde den första tillgängliga GSM-telefon -
den Orbitel 901 .

De första SMS-tjänster informeras användarna om röstmeddelande

meddelanden . Cellulära leverantörer trodde inte att folk

skulle vilja skicka varandra textmeddelanden , eftersom

de fortfarande såg det som en typ av personsökning . Personsökning ,

där en mänsklig operatör i ett servicecenter som består

och skickade meddelanden som kallas in av konsumenterna , hade varit

funnits en tid . Den första kommersiella SMS-tjänst

säljs till konsumenter var en person - till-person textmeddelanden

tjänst genom Radiolinja i Finland år 1993 .

Initial SMS- tillväxten var långsam , med GSM-kunder under 1995

skickar i genomsnitt endast 0,4 meddelanden per kund

per månad. En faktor i den långsamma införandet av SMS var

att operatörerna var långsamma att upprätta avgiftssystem ,

särskilt för kontantkortskunder , och för att eliminera fakturering bedrägeri. Även nät i Storbritannien endast tillåtet kunder

för att skicka meddelanden till andra användare i samma nätverk .

Denna begränsning hävdes 1999 .

I slutet av år 2000 var det genomsnittliga antalet meddelanden

nådde 35 per användare per månad och med juldagen i

2006 över 205 miljoner meddelanden skickades i Storbritannien .

Under 2010 var 6100 miljarder meddelanden som skickas över hela världen , vilket

översätter till 193.000 meddelanden per sekund .

Bilbarnstolar

Bilbarnstolar , även kallat spädbarn säkerhet platser , är

platser som är särskilt utformade för att skydda barn från

dödsfall eller skada under bil kollisioner . Fordons

kraschar är bland de ledande mördare av barn och

de flesta av de omkomna hända eftersom barnen inte

säkrade i rätt typ av bi barnstol . Först används i

1898 , tidig säkerhets platser var lite mer än påsar med en

dragsko som kan fästas på bilens säte . de var

bara till för att hålla barnen från att gå upp eller falla

utanför sina platser när en bil var i rörelse - barnsäkerhet

var inte riktigt en prioritet . Sedan dess har många modifieringar

och justeringar har genomförts för att skydda de

denna enhet och rida i bilar , inklusive begränsningar

att skydda både vuxna och barn .

År 1962 , Leonard Rivkin , delägare i Guys and Dolls , en

barnleksak och möbelaffär i Denver , Colorado ,

kom upp med en design för den första bilbarnstol för att skydda

ett barn. På den tiden var framsäten utformade för att vända

framåt , så , i en krasch , spädbarn kan slungades in i

vindrutan . Rivkin metall bilbarnstol ramen utformades

att stanna på plats genom att förhindra passagerarsätet från

vändning. Brittisk uppfinnare Jean Ames uppfann också en tidig barn

skydd sits 1962 . Ames designen hade remmar som

höll stoppad sits mot den bakre passagerarsätet .

Inom sätet , barnet fastspända med en Y- formad

sele som träs över huvudet och båda axlarna och

fästes mellan benen .

I slutet av 60-talet , utvecklade den första svenska auto -designers

bakåtvänd bilbarnstol avsedd att förhindra ett spädbarn

från att skadas i en bilolycka . Den var baserad på

tanken på att åka ner , det vill säga , minimerar acceleration släkting

till fordonet vid en kollision . Dess konstruktion tog flera år

och omfattande tester , men till slut , de hade utvecklat

en av de viktigaste säkerhetsfunktionersom ska läggas till

bilar. Dock under denna period, bara de mest

säkerhetsmedvetnaföräldrar köpte bilbarnstolar .

På 1970-talet , inför en fungerande säkerhetsanordning för

barn men inte kunna övertyga allmänheten om att

de var en nödvändig accessoar för barnomsorg , det fanns en

massivt tryck för att utbilda allmänheten om säkerhet platser och

riskerna mot barn från konventionella höftbälten .

Tennessee var den första amerikanska staten att stfta lagar som kräver

användandet av säkerhetssätenför små barn . mellan 1978

och 1985 , varenda amerikansk delstat följde efter. Idag

de flesta länder har liknande lagar .

termosflaskor

Den termos , även känd som en Dewar -kolv , Dewar

flaska eller termos , uppfanns av skotsk fysiker

och kemisten Sir James Dewar 1892 . Dewar s uppfinning

var främst avsedda att bevara kondenserade gaser , som

flytande kväve och väte, genom att förhindra överföring

av värme från omgivningen. Det bestod av två kolvar ,

placerade i varandra och gick med i nacken . Den

gapet mellan de två kolvarna innehöll en nära vakuum som

förhindrade värmeöverföring via ledning eller konvektion ,

och deras ytor hade reflekterande beläggningar för att förhindra värme

åka strålning . De första kommersiella termosflaskor

gjordes 1904 då en tysk företag, Thermos

GmbH , grundades av två glasblåsare . De höll en

tidnings tävling för att namnge sina produkter och bosatt

München lämnat " termos ", som kom från

Grekiska ordet Therme betyder " värme " . Dewar misslyckades med att

registrera ett patent för sin uppfinning och det var senare patenterade

från Thermos till vem Dewar förlorade mål .

År 1907 , Thermos GmbH sålde termosen varumärket

rättigheter till tre självständiga bolag . de utvecklade

vakuumflaskorsom togs på många kända

expeditioner , däribland Ernest Shackletons resa till

Antarktis , Robert Peary resa till Arktis 1909 , och amerikanska presidenten Theodore Roosevelts afrikansk safari

1909 . Det blev också luften när bröderna Wright

bar den upp i sina flygplan och greve Ferdinand von

Zeppelin i sina luftskepp .

År 1911 var den första maskintillverkade glas filler införs

för termosflaskor och deras popularitet växte snabbt .

Amerikanska fysikern William Stanley Jr uppfann allsteel

vakuumflaska1913 och startade ett företag som heter

Stanley som fortfarande är en av de mest populära märken av

termosar på marknaden. Under andra världskriget , under

10000 Termos eller Stanley termosflaskor gick ut med

Allierade bombplan besättningen på varje stor razzia .

Termos förblir ett registrerat varumärke i vissa länder

men förklarades en generaliserad varumärke i USA i

1963 som det har blivit synonymt med termosflaskor i

allmänhet. Det här är ett exempel på " varumärkes erosion " , vilket händer när ett varumärke blir så vanligt att det börjar

används som ett gemensamt namn och det ursprungliga företaget

misslyckas med att förhindra sådan användning . I detta fall , kan ordet inte

registrerade längre. Amerikanska exempel inkluderar Aqua - lung

(US Divers) , Aspirin (Bayer AG) , Rulltrappa (Otis Elevator

Company) , Heroin (Bayer AG) , fotogen (Abraham Gesner) ,

Phillips - skruv (Henry F. Phillips) , Yo - Yo (Duncan Yo -

Yo Company) , och Zipper (B. F. Goodrich) .

SKÄRMARNA

De äldsta bevisen för en fallskärm visas i ett manuskript

från 1470-talet Italien. Leonardo da Vinci skissade en mer

sofistikerad design runt 1485 . Möjligheten att hans

konstruktion verifierades under 2000 av engelsmannen Adrian Nicholas .

Men den moderna fallskärmen inte uppfunnet förrän

slutet av 18 -talet av Louis - Sébastien Lenormand i Frankrike ,

som gjorde sitt första offentliga hoppa i 1783. Två år senare , han

myntade ordet fallskärm , mening , " det som skyddar

mot en nedgång . " År 1802 korsade André - Jacques Garnerin den

Engelska kanalen på en vätgasballongoch demonstreras

ballongen och en fallskärm nedstigning i London .

Polish varmluft balloonist Jordaki Puparento var den första

som ska sparas med en fallskärm efter hans ballong fattade eld

1808 . 1837 , blev den engelska konstnären Robert Cocking

den första personen att dö av en fallskärmsolycka. År 1887 ,

Amerikanska ballongfarare och flygpionjär Major Thomas

S. Baldwin uppfann den första fallskärm sele .

1911 Grant Morton gjorde den första fallskärmshopp

från ett flygplan över Venice Beach , Kalifornien . År 1912 ,

Ryska uppfinnare Gleb Kotelnikov demonstrerade

inbromsning , eller fallskärmen genom retardation av en rysk-

Balt bil som färdades i hög fart . Han utvecklade också den första ryggsäck fallskärm .

Štefan Banič skapade den första militära fallskärm i

1914 , vilket hjälpt till att rädda många amerikanska flygvapnetspiloter

under första världskriget Thomas Orde - Lees , känd som

Mad Major, visade att fallskärmar kunde användas

framgångsrikt från en låg höjd . 1916 Solomon Lee Van

Meter Jr: s ryggsäck stil Aviatory Livboj lagt en viktig

snabbfrigöringsmekanism- utlösaren - låta falla

flygare att expandera trädkronorna förrän det var säkert . Alla

moderna fallskärmar har en utlösare .

Från och med Italien i 1927 , flera länder

experimenterat med hjälp av fallskärmar att släppa soldater

bakom fiendens linjer . Operation Market Garden , genomfört

av de allierade under andra världskriget 1944 , anses

den största någonsin luftburna militära operation .

År 1937 , sovjetiska flygplan i Arktis var de första som

använda friktionsbanan fallskärmar att ge stöd till polar

expeditioner , såsom den första bemannade drivis station

North Pole - 1 . Dessa rännor tillåts plan att landa

säkert på små isflak . Utvecklingen av nya sporten

fallskärmar inleddes i början av 1960-talet . Vid slutet av 1970 ,

parafoils , som ser ut som vingar , och kan styras som

flygplan , höll på att bli populär .

gatlyktor

Behovet av offentlig belysning går tillbaka till antikens

gånger. Omkring 50 f.Kr. , var romarna använder stora

metalloljelampormed en fibrös veke och en behållare på

vegetabilisk olja. Det latinska ordet laternarius avses en

slav ansvarig för belysning dessa lampor . denna uppgift

fortsatte att utföras av särskilda personer under

Medeltiden   när så kallade länk pojkar eskorterade personer

genom skumma , slingrande gator .

År 1417 , Sir Henry Barton , Londons borgmästare , ordinerade

" lyktor med ljus som ska hängas ut på vintern

kvällar mellan Hallowtide och Candlemasse , " det vill säga ,

mellan November 1 och 2 . Genom 1716 , alla hus i England

inför en gata eller gränd var tvungna att hänga ut någon eller mer ljus från 06:00 till 11:00 eller ansikte böter .

De tidigaste gas - bränning gatlyktor byggdes i

Arabiska imperiet , särskilt i Córdoba , Spanien , ca 1000

AD . Det var den skotska ingenjören och uppfinnaren William

Murdoch som först konstruerade praktiska gaslights i

tidiga 1790-talet. Initialt endast dessa lampor används kol gas . I

1802, Murdoch genomfört en offentlig visning av gas belysning

som förvånad och imponerad lokalbefolkningen. Men

Tysk uppfinnare och affärsman Friedrich Albrecht Winzer var den första personen att patentera kol - gas- belysning

1804 . Under 1807 installerade han gaslights på Londons Pall

Mall . Därefter spred gas belysning snabbt över

industrialiserade världen .

År 1857 , franska ingenjörer Lacassagne och Thiers installerad

elektrisk belysning på La Rue Impériale i Lyon , Frankrike ,

som blev den första gatan som upplyst av en permanent

elektriska installationen. Tidiga elektriska gatlyktor användas båge

lampor, som hade uppfunnits av brittisk kemist Sir

Humphry Davy i början av 19 -talet . Sådana lampor

tjänade Paris sin " City of Lights " smeknamn .

Men detta innebar inte slutet på gaslights . År 1885 ,

Österrikiska vetenskapsmannen och uppfinnaren Carl Auer von Welsbach

patenterad gasen mantel. Det genererade ett intensivt ljus

ljus och var populär under flera decennier.

Arc lampor gått ur bruk för gatubelysning på

slutet av 19 -talet . De ersattes med billigt ,

tillförlitliga , och ljusa glödlampor , vilket

dominerade gatubelysningen i många år . Den högtrycks

natrium (HPS) lampa är dominerande idag

eftersom den är energisnål och de flesta färgerna visar upp

bra i den. Dessa lampor fungerar när en elektrisk ström

passerar genom en joniserad gas (plasma) av natriumatomer

att generera ljus.

flytvästar

Flytväst är också känd som personliga flythjälpmedel

(PFDs) , bevarare liv , Mae Wests , flytvästar , liv sparare ,

korkvästar , flythjälpmedel och flytoveraller . Den mest

gamla flytvästar gjordes från uppblåst djurhud

blåsor eller ihåliga , förseglade kalebasser .

Omkring 870 f.Kr. , assyriska Kung Ashurnasirpal armé som används

uppblåsbara djurhudar för att korsa en vallgrav   Denna incident var

dokumenteras i en sten carving som nu är synlig på

British Museum , London . En engelsman vid namn Dr John

Wilkinson patenterat en kork flytväst 1765 . I sin bok

titeln The Sjömans Bevarande från skeppsbrott , sjukdomar , och

Andra katastrofer Incident för sjöfarande , beskrev Wilkinson

fördelarna med hans kork liv bevarare . Men sådana PFDs var

inte utfärdas till sjö- seglare fram till början av 19 -talet .

Den första allvarliga beslutet att tillverka flytvästar i

kvantitet gjordes 1851 efter döden av 20 av

24 piloter på floden Tyne i Storbritannien när deras båt

kapsejsade . Efter tragedin , kapten John Ross

Ward , en Royal National Lifeboat Institution inspektör

i Storbritannien , konstruerade den första moderna livet

jacka . Hans design var fylld med kork och hade 24 pounds

flytkraft . Designen var så populär att den var i bruk även efter andra världskriget , ett helt århundrade senare!

År 1852 blev det första landet att kräva liv i USA

jackor för varje passagerare ombord på handelsfartyg .

Andra länder följde efter 1890-talet . Vattentäta celler

fylld med kapok , den fluffiga utsäde hår av Bombax trädet,

småningom ersätts korkmateriali de ursprungliga flytvästar .

Ett annat flytande material som användes var balsaträ . Various

syntetiska skum har nu ersatt båda dessa material .

Alla tidiga flytvästar var naturligt stark och inte

behöver inflationen . År 1928 , amerikansk Peter Markus i Kansas

City, Missouri , uppfann den första uppblåsbara flytväst ,

allmänt känd som Mae West . Det var populärt med

Allierade flygare under andra världskriget . De utfärdades

Mae Wests som en del av deras flyg redskap .

Ett allvarligt problem med flytväst tidiga konstruktioner var att

de var inte självrätande . Mycket ofta människor bär

dem skulle falla över , landsidan nedåt , och om de var

medvetslös , drunkna . Forskning för att förbättra utformningen var genomförts i Storbritannien av professor Edgar A. Pask och ledde

till 1952 Admiralty mönstret 5580 uppblåsbar , självrätande

flytväst - ett under av design enkelhet , prestanda ,

och hållbarhet Denna design har kopierats över hela

världen och är även nu i tjänst.

FLASKA VATTEN

Ursprungligen mineralvatten och källvatten var de mest

populära typer av buteljerat vatten . Många trodde att

mineralvatten hade medicinska effekter och att källvatten

var särskilt ren eftersom det bara hade dykt upp från

marken och inte hade använts . Många kända fjädrar också

producerar naturlig kolsyra , mousserande , vatten såsom Vichy

Katalanska , Ferrarelle , Wattwiller , Apollinaris och Perrier . Den

sydväst tyska staden Niederselters , som innehåller en

sådan våren , är namne för Selters Vatten eller Seltzer .

Det var fransmännen som först försökte kommersiellt exploatera

naturliga vattenkällor med Evian , uppkallad efter staden

Evian - les - Bains . En termalbad öppnades i närheten i

1821 , vid Cachat våren nära Genèvesjön . Försäljning av

vatten själv började 1829 och var från början förpackad i

lergods behållare . Johann Jacob Schweppe , som

utvecklat en process för att tillverka kolsyrat mineralvatten

vatten , grundade engelska dryckesföretag Schweppes

i Genève . Schweppes var först med att introducera flaska

vatten i Europa och använde den stora utställningen av 1851

i London som en mycket unik marknadsföringsmöjlighet. Den

vatten som företaget flaska kom från den berömda

Malvern våren i England . År 1845 , det Ricker familj i Maine började att buteljera och sälja

vatten från en okänd källa . Deras lilla operation

växte snabbt som de aktiveras på vårens förmodade

medicinska egenskaper och så småningom blev den berömda

Poland Springs vattenföretag, som fortfarande existerar .

Samtidigt marschera till Rom i 218 f.Kr. , hade Hannibal använt

Perrier våren i södra Frankrike . År 1888 , den franska

Kejsar Napoleon III sålde rättigheterna till våren till en Dr

Louis Perrier och en lokal bonde . Tanken på att marknadsföra

vårens naturligt kolsyrat vatten var en skapelse

av engelsk aristokrat St John Harmsworth . Han köpte

våren från Dr Perrier och namngav även den färdiga

produkt efter honom för att ge en känsla av läkare.

Det fanns lite tillväxt i naturliga vatten på flaska

branschen under början av 20-talet . Den

buteljeringsföretagbildade en egen lobbygrupp

1950 i syfte att marknadsföra sina produkter , men försäljningen ökade mycket

först långsamt . Igen Evian tog ledningen på 1950-talet genom

sälja sitt vatten med den kraftfulla krav , " att hjälpa ammande

mödrar och [ger] viktiga mineraler för spädbarn " .

Sedan dess har buteljerat vatten landskapet har expand

oerhört. Nu finns det hundratals företag

och tusentals varumärken av buteljerat vatten och deras

försäljning över hela världen är i miljarder dollar .

VYKORT

Den tidigaste kända vykort var en handmålad

utforma på ett kort . Det var en karikatyr av arbetstagare i posten

kontor och postades i London av författaren , kompositören

och välkänd praktisk joker , Theodore Hook , år 1840 ,

bär ett öre svart stämpel .

Det var år 1861 som John P. Charlton av Philadelphia ,

USA , konstruerade den första kommersiellt producerade kort .

Han patenterade sin design men sålde rättigheterna till Hymen L.

Lipman , som döpte om det Lipman s postkort. kortet

såldes med en dekorerade gränsen . Emellertid . på maj

13 , 1873 , förbjöd den amerikanska regeringen privat utfärdat

vykort . Post master John Creswell introducerade

första officiella pre - stämplade öre vykort senare samma år .

Idén till officiellt utfärdat postkorti Europa

krediterades till tyska post officiell Dr Heinrich

von Stephan 1865. Men frukta förlust av postintäkter,

planen var inte avrättades i norra Tyskland till juli

1870. Dr Emanuel Herrmann föreslog en liknande idé

till den österrikisk - ungerska regeringen . Det var snabbt

godkända och det första kortet utfärdades på Oktober

1st, 1869 . Tillsammans med en präglad stämpel , detta

statliga postkortkallades en Corresponendz

Karte eller korrespondens kort . Den första kända tryckta vykort , med en bild

på ena sidan , skapades i Frankrike 1870 . fanns

inget utrymme för frimärken och inga bevis för att de var

någonsin skrivit utan kuvert. Den första reklam

kort dök upp i 1872 i Storbritannien . Universal

Postunionen bildades samma år och ersattes

individuella överenskommelser mellan nationer med en accepterad uppsättning

av enhetliga regler för internationella försändelser .

Avtalet får statligt utfärdade postkort

skall sändas internationellt från början av 1875 .

Kort som visar bilder ökat i antal under

1880-talet . Bilder av det nybyggda Eiffeltornet i 1889 och

1890 talade för vykortet , vilket leder till den så kallade

guldålder av vykort under åren efter det

mitten av 1890-talet . I juli 1879 postkontoret i Indien introducerade

en 1/4 anna vykort. Detta följdes av vykort som

var avsedda speciellt för regeringens bruk i april 1880

och svars vykort i 1890. Vykort fortfarande

populär i Indien och utomlands .

Visste du att?

Studien och insamling av vykort kallas deltiology .

Det är tänkt att vara den tredje största samlar hobby i

värld , bara överträffad av mynt och frimärkssamling .

TAGGTRÅD

Fäktning bestående av platt och tunn tråd först föreslogs

1860 i Frankrike av Leonce Eugene Grassin - Baledans .

Hans design hade bristling punkter skapar ett staket som

var smärtsamt att passera . Många patent följdes, men

ingen av dessa trådar var allt kommersiellt .

År 1868 , en smed vid namn Michael Kelly från New

York fick patent för stängsel speciellt för

avskräcka djur. De första trådstängselbestod erdast

av en sträng av tråd, som ofta delas av

vikten på boskap som pressar mot den. Kelly gjorde en

betydande förbättring genom att sno två trådar tillsammans.

Känd som den taggiga staketet , Kellys dubbelsträngkonstruktion

var den första framgångsrika taggtråd .

Joseph F Glidden , en amerikansk bonde , är ofta kredit

för att utforma den första kommersiellt framgångsrika taggtråd

tråd. Glidden idé kom från en display på en mässa i

DeKalb , Illinois , 1873 . Där såg han en trästaket

med tråd utsprång avsedda att avskräcka kor . Teckenförklaring

konstaterar att Glidden hustru Lucinda uppmuntrade honom att

bifoga sin trädgård med sin idé . Han vann då flera

domstol strider om rätten till sin uppfinning , en enkel

tråd hulling låst på en dubbel tråd , så det kom till

bli känd som vinnare . Glidden och en partner etablerade Barb Fence

Företag i DeKalb att tillverka The Winner . de

uppfunnit en metod för låsning av hullingarna på plats och

maskiner för att massproducera den. Vid tiden för sin död ,

Glidden var en av de rikaste män i Amerika . Idag hans

designen är fortfarande den mest kända stilen av taggtråd .

De viktigaste ändringarna som har gjorts till taggtråd

sedan 1870-talet har varit att minska skadorna genom att öka

synlighet. Till exempel , Jacob och Warren Brinkerhoff

introducerade vridna och platta ledningar 1879 och 1881. Den

American Steel och Wire Company blev så småningom

den dominerande tillverkaren. De kontrollerade alla aspekter

av produktionen från att producera de stålstänger att göra

många olika tråd -och nagelprodukterfrån det .

Taggtråd har haft viktiga sociala och ekonomiska effekter ,

särskilt i den amerikanska västern. Det tillät ranchägarna till

bifoga sin mark och begränsa tidigare frigående besättningar

av nötkreatur . Det är också hårt drabbade uppehället för Native

Amerikaner som gav det den sorgliga smeknamn Djävulens

rep . Taggtråd har också sett omfattande användning i krig , börjar med spansk-amerikanska kriget 1898 . I

Världskriget , tanken som vi känner den uppfanns för att

slå igenom taggtråds försvar .

regnrockar

Indianstammar i Amazonas har varit

med hjälp av sav från gummiträdför att göra vattertäta kläder

i hundratals år . De gamla kinesiska använt många

material för att göra vattentäta regnkappor , såsom halm ,

starr , och kinesiska silvergrass . Vid början av den

Mingdynastin (1368 - 1644) , var genomarbetade oljerockaranvänts .

Dessa var gjorda av tyger som vanligt siden men behandlas

med gul olja (tung olja) för att stöta bort vatten .

Franska botanisten François Fresneau används gummi för

tätskikt tyg efter att ha sett indianer i

Franska Guyana gör detsamma . År 1763 beskrev han

hur han hade förberett vattentätt tyg genom att doppa den i

lösningar av gummi med terpentin som lösningsmedel . skotsk

doktor John Syme genomfört liknande försök 1821 .

Den första regnrock , dock inte använde gummi . Gjord av G.

Fox i London 1821 , den hette Fox Aquatic och används

Gambroon , en typ av linneduk .

Tidiga försök att använda gummi hade misslyckats

eftersom hårdheten hos naturgummi varierar med

temperatur. Detta gjorde kläderna svåra att bära. skotsk

kemisten Charles Macintosh hittat lösningen 1823 .

Macintosh process involverade sandwiching ett lager av gjuten gummi mellan två lager av tyg som hade

borstats med gummi upplöst i nafta. hans första

kunden var den brittiska militären . I själva verket , regnrockar är fortfarande

kallas regnrockar eller Mac-datorer i Storbritannien .

År 1839 utvecklade amerikanska Charles Goodyear mjuk

gummi , vilket är mer elastisk och lättare att forma. engelska

tillverkaren Thomas Hancock använde vulkaniserat gummi

att förbättra Mackintosh regnrock i 1843 . American

företag introducerade kalandreringsprocessen 1849

där Macintosh s duk skickades mellan uppvärmda

valsar för att göra den mer flexibel och vattentät.

Under första världskriget , engelska uppfinnaren Thomas Burberry

skapade alla väder trenchcoat . Den bestod av en typ

bomull som heter gabardin som Burberry uppfann och

kemiskt behandlade för att stöta bort regn . Dessa trenchcoat

gjordes ursprungligen för soldater , men blev populär

med många civila efter 1918 .

Olje -behandlade tyger, vanligen bomull och silke , blev

populär på 1920-talet . Till exempel var oilskin gjorda av

borsta linolja på tyg , vilket gjorde tyget driver tillbaka

vatten. Regnrockar gjorda av vinyl , nylon och plast blev

populär efter andra världskriget . Moderna regnrockar är gjorda

från en rad olika högteknologiska material som Gore - Tex och

mikrofiber .

CYKLAR

Tysk Baron Karl von Drais uppfann den första praktiska
cykel 1817 . Drais ' Draisienne , velocipede , eller käpphäst
var ett tvåhjuligt anordning utan pedaler. ryttaren
drivs den genom att trycka fötterna mot marken .

Drais " velociped inspirerade en fransk metallarbetare (antingen
Ernest Michaux och Pierre La lement) för att lägga till roterande vevar
och pedaler till framhjulsnave runt 1863, skapar
den första moderna pedaldrivna cykel . År 1868 Michaux
och bolaget blev den första massproducentav cyklar.

Deras rigida ramar och järn - banded hjul gav dem
beskrivande smeknamn boneshakers . Senare förbättringar
inkluderade solida gummidäck och kullager .

Eugene Meyer i Frankrike och James Starley i England
uppfann hög cykel, vanliga, eller öre - öre
omkring 1870 . Den hade ett stort framhjul som reste
vidare med varje rotation av pedalerna . ordinaries var
snabb men mycket osäkra . Ändå engelsmannen Thomas
Stevens red en runt om i världen mellan 1884 och 1886.

År 1885 producerade John Kemp Starley den första lyckade
säkerhet cykel , Rover . Det presenterade ett styrbart framhjul ,
lika stora hjul och en kedjedrift till bakhjulet . Vid 1890 , hade det helt ersatt den med hög hjuling .

Samtidigt , år 1888 , en irländsk veterinär vid namn John

Dunlop hade uppfunnit den luftfyllda , pneumatiska gummibana till

göra sin unge sons trehjuling bekväm . Den antogs

för säkerhets cykel , vilket gör det lättare och smidigare .

I början av 20-talet , var cykling klubbar

lobbying för bättre vägar , bokstavligen banar väg för

bil. Adolph Schoeninger började väst Wheel

Fungerar i Chicago där han pionjärer massproduktion

metoder för hans Crescent cyklar som dramatiskt sänkt

priser och senare inspirerade Henry Ford . Säkerhets cykel

frigjorda kvinnor från både hemmet och restriktiva

klänningar . Känd feminist Susan B. Anthony sa: "Jag tror

[cykling] har gjort mer för att frigöra kvinnor än

något annat i världen . " Frances Willard , en annan välkänd

feminist , sade " Jag skulle inte slösa bort mitt liv på friktion

när det kan vändas till styrka. " År 1895 , Annie

Londonderry blev den första kvinnan att cykla runt

världen.

Växeln (växelspak) finns i de flesta moderna

cyklar utvecklades i Frankrike mellan 1900 och 1910.

Med elektronisk växel reglage och ljus , aerodynamiska

Ramar av kolfiber , dagens cyklar är mycket

sofistikerad och mer populär än någonsin tidigare .

Glassmask ner

Det finns flera utmanare för uppfinningen av den tidiga

glass maker, från den berömda romerska kejsaren Nero

till kineserna som hävdar att Marco Polo lånat sin

recept och introducerade den till européerna . Det finns också

många konton desserter gjorda av frukter blandat

med snö i både latin och forngrekiska litteratur .

Många olika människor har krediterats med uppfinningen

av den första moderna ice - cream maker . Många historiker överens

som 1843 , amerikansk Nancy M. Johnson kom upp med en

design för en handvevade glass maker.

Hennes idé byggde på praktisk kunskap . det gällde

med användning av två burkar, en mindre än den andra   så att

första kan placeras inuti den andra burken . Den större

kan var fylld med salt och is . Den mindre burken fylldes

med en blandning av mjölk, smak, och socker. En vev med en

omrörningsverktyget placerades inuti blandningen av mjölk och

smakämnen för att pressa ingredienserna . Saltet hjälpte

att stabilisera isen som blandningen ständigt spottas ,

omvandlar den till en jämn krämig konsistens . Denna process

bidragit till att dra ner på glass produktionstid, men

Johnson höll inte på att hennes patent . Hon fick $ 200 för

hennes uppfinning från William Young , som namngav den Johnson patentglassfrys.

Vissa hävdar också att Augustus Jackson , en kock i Vita

Huset i Washington DC , uppfann den första glass

maker i 1832. Man tror att Jackson tjänade exotiska glass

smaker som desserter på White House statliga middagar

för First Lady Dolley Madison gäster . Han experimenterade

med glass beslutsprocessen , försöker göra det mindre

mödosam , och kom upp med en temperaturstyrd ,

paddel- baserat system som används för is och salt. Detta hjälpte

att revolutionera hur glass gjordes i Vita

Hus , men han hade inte tid att patentera sin idé .

Många har bidragit till utvecklingen av glass

beslutsfattare sedan dess . Några anmärkningsvärda bidrag

innehålla en frys , bara för att frysa is , som utvecklats av

Agness B. Marshall i London . Det skulle kunna frysa en pint is

på under fem minuter . Afroamerikanska uppfinnaren Alfred

L. Cralle krediteras med uppfinning glass Mold

och Disher 1897 . Hans uppfinning bidragit till att hålla glass

från väggarna i behållaren och var lätt att använda.

Amerikansk Jacob Fussell improviserade på Johnsons Icecream

Frys och byggde den första kommersiellt framgångsrika

glassfabrik i 1909 som producerade 30 miljoner liter

av glass varje år.

KAFFEBRYGGARE

Historien om Kaffebryggare , liksom många uppfinningar ,

har flera strängar. Dess ursprung kan spåras tillbaka till

Turkarna, som är kända för att ha bryggt stor kaffe som

tidigt som 575 e.Kr. . Vad hände mellan då och

början av 19 -talet är inte särskilt tydlig . Men takten

utvecklings gång accelererade den första moderna kaffe

kaffebryggare uppfanns runt 1818.

Ursprunget till den första moderna kaffebryggare kan spåras

tillbaka till Frankrike . En anordning känd som en biggin , en två - nivå

Kaffekanna i vilken vatten hälldes i den övre

kammaren för att dränera genom perforeringar i den nedre

kammare och in i en kaffekanna , var nog den första dropp

kaffebryggare . Samtidigt annan fransk uppfinnare

kom upp med pump perkolator   detta kaffe

kokare tvingade kokande vatten i den undre avdelningen

att flytta upp ett rör , och sedan sippra igenom marken

kaffebönor backa in i den undre avdelningen . tills

1950-talet var sådana pumpar percolators föredra

av många hemmafruar , cowboys och pionjärer i

USA. År 1840 , var Napier Vacuum Machine

införas. Även om detta bryggeri var komplicerat att arbeta , det

skulle kunna göra en klar kanna kaffe - något som varje

kaffevän priser. Vakuum bryggeri används värme för att koka vatten i en lägre fack , vilket skulle utöka och tvingas att flytta upp genom en smal slang in

ett övre fack som innehöll målet kaffe.

När kaffet hade bryggt till belåtenhet , värmen

skulle avbrytas . Det vakuum som skapas som ett resultat av

detta skulle hjälpa till att dra det bryggda kaffet tillbaka in i

nedre kammaren genom en sil . Napier Vakuum kaffe

beslutsfattare är fortfarande populära i dag .

James Nason i Massachusetts , USA , krediteras med

Utformningen av en tidig kaffebryggare i 1865 , men det var

en annan amerikan vid namn Hanson Goodrich som uppfann

den moderna spisen - top perkolator . Han erhöll ett patent

för sin uppfinning den 16 augusti 1889. Dess konstruktion var mycket

liknande dem som säljs idag. Elektriska versioner av

spisen - top perkolator utvecklades i slutet av 1800-talet .

Konsumenterna älskade dem , eftersom det möjligt för dem att brygga potten

efter kanna kaffe utan att behöva handskas med en kamin .

Uppfinningen av Mr Coffee , den första kommersiellt

framgångsrik automatisk dropp kaffebryggare , 1972 ,

revolutionerat sättet kaffet bryggs . Det var så populärt

med konsumenter som percolators blev nästan utdöda .

Redan i dag , de flesta dropp kaffebryggare är helt enkelt variationer

av Mr Coffee designen .

Blender

År 1919 , Stephen J. Poplawski , ägare av Stevens

Electric Company , var under kontrakt med Arnold

Elektrisk företag för att designa dryck - blandare . Under

denna period kom han upp med en innovativ design , som

ursprungligen användes för att blanda Horlicks mältat mjölk skakar på

soda fontäner . År 1922 fick han patent på den . Han också

kom med designen för en smältvannan mixer runt

Samtidigt som hans nya dryck - mixer .

På 1930-talet , amerikanska Fred Osius skapat en ny sorts

av mixer genom att förbättra på Poplawski design . han

närmade sig en populär musiker , Fred Waring , för att finansiera

och främja hans des gn , Miracle Mixer , 1933 . Fred

Waring omgjorda det genom att förbättra knivaxelndesignen

och burk tätning och släppte sin egen version - Waring

Blendor , 1937 . Det blev snabbt ett oumbärligt verktyg i

sjukhus och kliniker för att förbereda särskilda kost livsmedel och

hjälpt mycket i vetenskaplig grundforskning . Dr Jonas Salk

använde den för att utveckla en av de stora medicinska framgångar

historier om - talet första oralt vaccin 20 polio.

År 1937 , WG Barnard av Vitamix införde en ny typ

av mixer även känd som Blender som använde en rostfri

stål burk istället för Pyrex- glas som används i Waring s mixer burk. År 1946 , John Oster för Oster Barber utrustning

Bolaget köpte Poplawski s Stevens Electric företag

och började designa sin egen mixer , den Osterizer ,

vilket i sin tur förvärvades av Sunbeam Products 1960 .

Traditionella Osterizer blandare säljs fortfarande i dag .

Ungefär samtidigt , uppfinnare i Europa och Brasilien

kom upp med sina egna varianter av mixer . År 1943 ,

Traugott Oertli , en schweizisk medborgare , utformat en mixer , den

Turmix Standmixer , baserat på Waring Blendor design.

Oertli kom också upp med en apparat , den Turmix juicer ,

kapabel att extrahera saften av grönsaker och frukter.

Han började sälja detta som tillbehör med hans Turmix

mixer. År 1944 , brasiliansk Waldemar Clemente , ägare

av Walita Electric Appliance Company, kom upp

med Walita Neutron Blender baserad på Turmix

Standmixer . Clemente är också krediteras med att komma upp

med liquidificador , ett ord som än idag står för

Hushållsapparat i Brasilien. Waldemar Clemente förvärvade

patent för att Turmix mixers och Juicers i Brasilien och används

Turmix europeiska marknadsföringsstrategi för att sälja mer än

en miljon blandare från tidigt 1950-tal . På samma gång ,

Walita började tillverka blandare för Philips , Sears ,

Siemens, Turmix , och många fler företag . År 1971 ,

Royal Philips Co förvärvade Walita , som blev en del

av Philips köksmaskin division .

Te-

Te- eller infusers används för att fånga lösa teblad

medan hälla ut te . Deras historia kan spåras tillbaka till

kineserna som utvecklade bambu silar för att ta bort

våt teblad från en lerkruka , i 10: e århundradet f Kr . Men

cet var inte förrän 17-talet att te gjort sin väg från

kina i salongerna i den brittiska adeln . Med

cen träder i brittisk kultur kom uppfinningen av den första

moderna te silar . Dessa var gjorda av silver

(en legering som innehåller 92,5 procent silver och 7,5 procent

koppar av massan) , och används mest av den engelska över

klasser . Det var inte förrän i början av 20- talet som te

blev en populär dryck i Storbritannien och Te

började massproduceras . Då var de brittiska

göra olika typer av silar - några stora nog

att passa er tekanna , andra liten nog att passa in i standardsized

tekoppar .

Det finns flera typer av silar som finns idag ,

trots att de alla hotas av den allestädes närvarande

tepåse .

En pyramid sil , vilket som namnet antyder är

pyramidal form , är gjord av mesh . Teblad

monterad i pyramiden och sedan stupade i kokande vatten . Botten av pyramiden öppnas så att den använda

blad lätt kan tas bort .

Te Balls är klotformig och arbeta på samma

princip som pyramid te silar . Skillnaden är att

de öppnar sig i mitten. De finns i olika

material som metall , nät, och rostfritt stål.

Sked silar se ut som en täckt sked tillverkad av metall

med små hål peppe den. Dessa är vanligtvis mindre

än Tea Ball och pyramid silar och är inte riktigt

avsedd för att brygga en stark kopp te .

Te tång har långa handtag som öppnar filtret på

motsatt upphöra när pressas . Nylon silar sitta på toppen av

en tekopp istället för att vara nedsänkt inuti . Te är genomsyrad

i kokande vatten och hälldes sedan i en kopp genom

sil , vilket stoppar löven faller ner i koppen .

Te -stick silar är formade som metallpennormed hål

i dem. De måste vara nedsänkt i en varm kopp vatten ,

med tebladen placeras inuti .

Sist men inte minst är den nyhet sil , som fungerar som

någon annan sil men finns i en mängd olika storlekar och

former som nallar, dinosaurier och hjärtan .

Artificiella sötningsmedel

Socker av bly eller bly acetat var den allra första socker

substitut , ofta används av de gamla romarna i sin

vin och sylt . Men studien visar nu att det är giftigt .

Kända människor , som påven Clemens II i 1047, har till och med

dog blyacetatbom ull förgiftning . Dagens substitut sex socker

är i allmänt bruk - stevia , aspartam, sukralos,

neotam , acesulfamkalium , och sackarin .

Stevia utvinns ur bladen från stevia växter och har

använts som ett naturligt sötrningsmedel i Sydamerika för

århundraden . Det orsakar inte blodsockernivåer för att öka

efter att ha ätit (noll glykemiskt index) och har noll kalorier .

Därför är det snabbt på att bli populär i många länder .

En stevia - baserade sötningsmedel som heter Truvia godkändes

USA under 2008 .

Amerikanska forskaren James M. Schlatter på GD Searle

Företaget upptäckte aspartam 1965 . Han arbetade

på en anti - ulcer läkemedel och oavsiktligt spillts vissa

aspartam på hans hand . Han slickade sedan fingrarna och

märkt en söt smak . I själva verket är aspartam ca 200 gånger

så sött som socker. Det säljs som Equal , NutraSweet , och

Canderel . Det är inte särskilt lämplig för bakning som det bryts

nedåt och blir mindre söt vid upphettning . Sukralos är ett klorerat socker som är ca 600 gånger

sötare än vanligt socker . Det var misstag upptäcktes

1976 av forskare Leslie Hough och Shashikant

Phadnis på Queen Elizabeth College i London . One

dag Hough berättade Phadnis att testa ett klorerat socker

föreningen. Phadnis ouppmärksamt och tänkte att Hough

hade bett honom att smaka på det och fann föreningen vara

ovanligt söt. Produkten blev snabbt populär

eftersom det förblev söt vid upphettning och kan användas

för bakning och stekning . Vanliga märken av sukralos

inkluderar Splenda , Sugar Free Natura , Sukrana , SucraPlus ,

och Nevella .

Sackarin syntetiserades 1879 av kemister Ira Remsen

och Constantin Fahlberg vid Johns Hopkins University i

Baltimore, Maryland. Det upptäcktes också av misstag,

enligt uppgift , när Fahlberg märkte en söt smak på hans

lämna en kväll . 1884 Fahlberg patenterad och namnges

föreningen . Han växte senare rika från sin upptäckt ,

men aldrig erkänt Remsen roll i det . Sackarin

först blev populärt under första världskriget , då det

var sockerbrist . Det är 300-500 gånger sötare än

socker men lämnar en bitter eller metallisk eftersmak . Den mest

populär amerikansk märke av sackarin idag är söt ' N

Låg .

kondenserad mjöl<

Kondenserad mjölk är komjölk från vilken vatten har

tagits bort. Det är oftast sötad med socker ,

vilket ökar dess hållbarhet genom att förhindra tillväxt

av mikroorganismer.

Att dricka mjölk var en betydande hälsorisk innan

19-talet . Mjölk direkt från kon bortskämda inom

timmar under sommaren och orsakade sjukdomar som kallas

den milksick , mjö k gift , de saktar , de darrar , och

mjölk ont . För att bekämpa dessa sjukdomar , fransmannen Nicolas

Appert kondenserad mjölk för första gången år 1820 .

I USA , bara kondenserad mjöl< dök upp i

1853, producerad av en mjölkbonde som heter Gail Borden

Jr 1852 , var Borden återvände, till sjöss , från en resa till

England när korna i fartygets lastrum blev för

sjösjuka som ska mjölkas, och på grund av detta , med utländsk

spädbarn dog . Borden ödelades av död och

började försöker bevara obehandlad mjölk . Till slut var han

inspirerad av den lufttäta vakuumpannananvänds av Shakers ,

en religiös grupp , att kondensera juice , och kunde

att minska mjölk utan brännande eller ystning det . hans första

kondenserad mjölk varade i tre dagar utan att förstöra . Borden fick patent för sötad , kondenserad

mjölk 1856. Men produkten var inte väl emot av

allmänheten , som användes för att urvattnad mjölk , med

krita till för vithet och melass för krämighet .

De klagade på utseende och smak av

kondenserad mjölk . Borden ursprungliga produkten , som var

framställd av skummjölk och saknade näringsämnen , var

även skulden för att bidra till en samtida rakitis

epidemi hos barn .

Som ett resultat av Borden två första fabriker misslyckats och endast den

tredje , i Wassaic , New York , producerade en användbar produkt

det var långvarig och behövs ingen kylning .

Hans verksamhet var oväntat hjälp av en bit av

undersökande journalistik i Leslies illustrerade tidning .

Rapporten avslöjade oroande faktum att konkurrera

färska mjölkleverantörer utfodring New York kor på

destilleri mäsk för att minska kostnaderna .

Genom 1858 , hade Borden mjölk , säljs som Eagle Brand , fick

ett rykte om renhet , hållbarhet och ekonomi . Efterfrågan

var också av det amerikanska inbördeskriget . Den amerikanska

Regeringen beordrade enorma mängder kondenserad mjölk som

ett fält ranson för unionens soldater under kriget . soldater

återvänder hem sedan sprida ordet och kondenserad mjölk

blev en stor industri av det sena 1860-talet .

tepåsar

Det första patentet för en tepåse , med titeln Tea - Leaf Holder , utfärdades till Roberta Lawson och Mary McLaren av

Milwaukee, Wisconsin , 1903 . Deras uppfinning , som

var en liten påse gjord av öppen - mesh tyg , såg

liknar moderna tepåsar , men var aldrig tillverkades .

Tepåsar dök kommersiellt runt 1904 , men det var

te -och kaffebutikköpmannen Thomas Sullivan från

New York , som först salu dem framgångsrikt .

Vid sekelskiftet av 20-talet , te var mycket mer

dyrare än i dag och mycket uppskattad av de som

hade råd med det . I New York , kunder efterlängtade

varje ny last från Indien och Kina . När den senaste

transporten anlände till hamnen , te handlare som Sullivan skulle

skicka ut prover , med hjälp av små metallburkar för att hålla te.

Legenden säger att Sullivan blev irriterad på den höga

kostnaden för burkar och bytte till små handsydda sidenpåsar

i juni 1908. Kunderna skulle ta bort

lös te från de små påsar att brygga det , men en del tyckte att det var

lättare att bara släppa de fyllda säckar i varmt vatten . Insåg

hur bekvämt sådan enkel engångspåse var de

snart började begära sitt te i denna förpackning , mycket

till Sullivans överraskning! En sak som de gjorde klagar

om var att maska på siden påsar var för fin . Som svar , utvecklat Sullivan påsar gjorda av gasbinda ,

som var den första specialgjordatepåsar .

Tyvärr Sullivan misslyckades med att ta patent på sin

uppfinning och lite är känt om vad som hänt honom

eller hans företag efteråt . Andra insåg snart sitt

kommersiell potential och började experimentera med andra

typer av material inklusive cheesecloth , cellofan , och

hålat papper . Maskiner har också uppfunnits för att ersätta

sömnad hand tepåsar .

Under 1920-talet började tepåsar för att massproduceras och

växte i popularitet i USA . Idag tepåsar är mestadels

gjord av pappersfiber. Det var William Hermanson , en

av grundarna av Tekniska papper Corporation i Boston ,

som uppfann dessa värmeförseglade pappersfibertepåsar. År 1930 ,

Hermanson sålde sitt patent till Salada Tea Company .

Den rektangulära tepåse uppfanns inte förrän 1944. Före

till detta , tepåsar liknade små säckar . Det var Tetley att

introducerade tepåsar i Storbritannien 1953 , och var snabbt

följt av andra företag . Vid 2007 , tepåsar består

en fenomenal 96 procent av den brittiska marknaden .

SNABBKAFFE

Snabbkaffe , även kallad lösligt kaffe eller kaffepulver ,

tillverkas genom frys -eller spraytorkning bryggkaffe

bönor . Den tidigaste versionen av snabbkaffe kan ha

uppfunnits omkring 1771 , i Storbritannien . Kallas en

kaffe förening , var det beviljats ett patent av den brittiska

regeringen . Den första amerikanska versionen utvecklades

1853 och en experimentell version fälttestatsi

form av kakor , under det amerikanska inbördeskriget .

En typ av omedelbar eller pulverkaffe uppfanns och

patenterades 1889 av Mr David Strang i Invercargill ,

Nya Zeeland . Det såldes under handelsnamnet

Strang s Coffee , som citerar hans patenterade Dry Hot -Air process .

Satori Kato , en japansk forskare som arbetar i Chicago

1901 uppfann en liknande produkt med hjälp av en process som har hade

utvecklades ursprungligen för framställning av instant-te .

En engelsk kemist vid namn George konstant Louis

Washington utvecklade sin egen snabbkaffe process

1906 . Hans märke av kaffepulver , som heter Red E kaffe ,

först salufördes 1909 Den dominerade marknaden

USA för de kommande tre åren , även om det fanns

många människor som ogillade dess smak . År 1938 , Nestlé av

Schweiz lanserade Nescafé varumärket . Det förbättrade smaken genom samtidig torkning kaffeextrakt tillsammans med en lika

Mängden löslig kolhydrat , och snart blev det

mest populära märket av snabbkaffe .

Snabbkaffe fann en omedelbar marknad i det militära .

I första världskriget smeknamnet det några soldater en " kopp

George . " Tänk på detta citat från en amerikansk soldat ,

skriva hem från skyttegravarna 1918 :

Jag är mycket glad trots råttor, regnet , leran , utkasten

[sic] , bruset av kanoner och skrik av skal . det tar

bara en minut att tända min lilla oljevärmare och göra några George

Washington Kaffe ... Varje kväll Jag erbjuder en särskild framställning till

hälsa och välbefinnande [Mr Washington] .

Genom världskriget , snabbkaffe var otroligt populär

med soldater . G. Washington kaffe , Nescafé , och andra

hade alla vuxit fram för att möta efterfrågan . Högvakuum

frystorkat kaffe utvecklades strax efter andra världskriget

II. Genom 1950 , hade den Borden bolaget utarbetat metoder för

gör ren kaffeextrakt utan tillsatt kolhydrat ,

göra snabbkaffe mer populär . 1963 Maxwell

Hus började marknadsföra frystorkade granulat , som smakade

mer som nybryggt kaffe . I dag , cirka 15 procent av

USA: s kaffekonsumtion är i omedelbar form.

konservöppnare

Genom 1822 , konserver fanns i Storbritannien, Frankrike ,

och USA . De första burkarna vägde mer än

maten de innehöll och öppnades med hjälp av oberoende

verktyg som fanns tillgängliga vid den tidpunkten . Instruktionerna på de

burkar läst " Skär runt toppen nära den yttre kanten med en

mejsel och hammare " .

Dedikerad kan konservöppnare dök upp på 1850-talet och hade

primitiv klo - formad eller spak -typ design . I 1855 ,

Robert Yeates i London uppfann den första klo - formade

öppnaren . I 1858 , Ezra Warner i Waterbury , Connecticut ,

USA , patenterat en spak - typ öppnare . Den hade en vass lie ,

som pressades in i burken och sågas runt sin

kant. Den amerikanska armén antog denna öppnare under

Amerikanska inbördeskriget . Men knivliknandeskäran på det var för

farligt för hemmabruk och så kontorister på livsmedelsbutiker

öppnas varje kan innan kunderna tog dem hem .

Den första roterande hjul konservöppnare patenterades

Juli 1870 , av William Lyman i Meriden , Connecticut ,

och produceras av företaget Baumgarten på 1890-talet . Den

kapskiva roterades runt burkens överkant för att klippa det .

Men burken som behövs för att genomborras i mitten först. I

1925 Star konservöppnare Företag i San Francisco , Kalifornien , förbättrade Lyman design genom att lägga till en andra ,

tandad hjul kallas en matarhjul , vilket gör att ett fast grepp om

fälgen och göra första piercing onödigt .

Kan hållande öppnare samtidigt gripa burken och

öppna den, vilket gör det onödigt att hålla burken som den är

skärs . Den första öppnaren patenterades 1931 av

Bunker Clancey Företag i Kansas City , Missouri ,

och därför kallas Bunker . Det liknade

Star design men lagt tång - typ handtag för tätt

grip fälgen. Denna effektiva konstruktion används än idag .

En elektrisk konservöppnare liknar Bunker var patenterad

1931 men blev inte hitta framgång till 1950-talet .

År 1866 , ett öppnare med en helt annan design var

patenterad av J. Osterhoudt . Istället för piercing burken , slet den

av och rullas upp en pre - poäng band strax under locket . det var

kallas en nyckel eftersom det liknade en dörrnyckel. Idag sådan

öppnare säljs tillsammans med många små , tunnväggiga burkar .

Kan öppnare med enkla och robusta konstruktioner har

speciellt utvecklad för militär användning . Exempelvis

P - 38 och P - 51 användes av amerikanerna under världen

War II . P- 38 var också känd som en John Wayne eftersom

skådespelaren var en gång visas med hjälp av någon i en utbildningsfilm.

coctailparaplyer

En cocktail paraply är ett litet paraply eller parasoll gjort

från papper, papp, och en tandpetare och används som en

garnering eller dekoration i drinkar , desserter eller annan mat

och dryck . Paraplyet är formad av papper och

kan vara mönstrad med papp revben . Ribborna är tillverkade

av kartong för att ge flexibilitet med gångjärn

så att paraplyet kan dras stängas ungefär som en

vanlig paraply . En liten blast hållarring är ofta

fashioned mot spindeln , vanligen en tandpetare , för

för att förhindra att paraplyet från att vikas upp spontant.

Det finns en hylsa av vikt tidning under kragen

för att verka som ett distanselement . Den här tidningen är oftast i antingen

Japanska, kinesiska, eller en indisk språk , antyder på

paraply ursprung .

I själva verket har cockta l paraplyer blivit en viktig del i

kulten av Tiki . Tiki kult innebär en appreciering

av tiki bar , även känd som en polynesisk bar . denna bar

specialiserat sig på ön inredning , exotiska rätter och tropiska

drycker toppad med cocktail parasoller och andra infall

grejor . Tiki gemensamt har spelat en central om

uppskattad roll i den västerländska kulturen i mer än 60

år . Men före deras användning i tiki barer , antas det att

cocktail paraplyer fanns tillgängliga i kinesiska restaurange indikerar att parasoll , eller åtminstone tanken på att sätta den

i en drink , var en kinesisk - amerikansk uppfinning . Det är möjligt

att de ursprungligen var avsedda att skydda isbitar

inom drycker från solen. Men att arbetet bekräftar

dessa teorier med kinesiska och kinesisk -amerikanska företag

sälja paraplyer i dag misslyckades.

Den cocktail paraply tros ha kommit på

tiki bar scenen så tidigt som 1932 , artighet Victor J. Bergeron ,

den argsint enbenta grundare av Trader Vic i San

Francisco. Trader Vic är en stor San Francisco - baserade

kedja av polynesisk stil restauranger . Vic s betjänas drycker

med cocktail paraplyer Fram till början av 1940-talet , då

import av de små parasoll från fabriker i Fjärran

East stoppades av utbrottet av andra världskriget . emellertid

av Bergeron egen utsago hade han ursprungligen plockat

upp idén från Don the Beachcomber restaurangkedja

(nu stängd) , som banat väg för polynesisk stil matsal

i USA . Vid introduktionen , paraplyer var

anses vara mycket exotiskt , så var de flesta saker från

Pacific Rim . Förresten , Bergeron uppfann också flera

rom - smaksatta drycker som blev världsberömd . de

hade sådana namn som missionär hämnd , Sufferin ' Bastard ,

och Mai Tai , vilket de allra bästa i Tahitian .

T UGGUMMI

Människor har haft tuggummi i minst 5000 år .

Ancient tuggummi , i björk bark tjära , har hittats i

Finland med tandavtryckfortfarande på det . De gamla grekerna

och romarna tuggade en kåda från mastix träd som kallas

mastiche . Både näver och mastix var känd för att ha

medicinska fördelar .

Maya människor i Centralamerika var tugga

Chicle , härlett från den söta saven från Sapodilla trädet,

av den 2: a - talet. Deras mexikanska ättlingar

fortsatt tuggning Chicle . I Nordamerika , tidigt

Europeiska bosättare började tugga kåda från gran

blandas med bivax. Granen base var gradvis

ersätts av paraffin .

Amerikanske uppfinnaren Thomas Adams uppfann modern

tuggummi 1869 . Adams hade köpt ett ton

Chiclegummi från mexikanska ledaren Antonio López de Santa Anna ,

som då bodde i exil i Staten Island , New York .

Santa Anna hade importerat Chic e från sitt hemland Mexiko ,

så att han kunde göra däck , men var väldigt misslyckat .

Adams tillbringade sedan över ett år försöker göra Chicle in

en gummi substitut , men misslyckades varje gång . Men en

dag han återupptäckt ett intressant faktum - Chicle är kul att tugga . I februari 1871 Adams New York Gum , som

var smidigare , mjukare och godare än någon paraffinbased

tuggummi , fanns tillgängliga i apotek . Inom några

år , Adams och andra tillverkare sålde

olika smaker av Chicle Baserade tuggummi i stora mängder .

Däremot kunde ingen tidig tuggummi håller smaken mycket länge . Detta

Problemet var inte fast förrän 1830 då William Vit

kombinerad socker och majssirap med Chicle . Amerikanskt

företagare William Wrigley Jr och Frank H. Fleer

gjort fortsatta utvecklingen på smakproblem. Wrigley

grundade Wrigley s Chewing Gum Company i Chicago

1891 och använt smart marknadsföringsstrategi för att bli det

mest kända tuggummi varumärket i världen . I ett sådant smart

flytta , postade han 3 pinnar av fri tuggummi till alla som listas i den amerikanska telefonkatalogen - över 7 miljoner människor !

Många av deras tidiga märken som Juicy Fruit , Spearmint och

Doublemint är fortfarande mycket populära idag .

År 1906 var det Fleer s Philadelphia - baserat företag som

lanserade Chiclets , den allra första godis belagt tuggummi . Sockerfri

tuggummi , rekommenderas av tandläkare , infördes

under 1950-talet . På 1960-talet , billigare konstgjorda latex

material ersätts i hög grad Chicle . Emellertid Chicle

fortsätter att vara den vanligaste ordet för tuggummi , i

Spanska .

Gumballs

Enligt legenden var det tuggummi uppfanns runt

början av 20-talet av en anonym tysk

Grocer i New York. En dag , irriterad att hans block av

tuggummi var inte sälja , vadderade han upp en bit och slängde den

tvärs över lagret. Den tuss tuggummi föll sedan in i en tunna

socker och köpte en ny glittrande utseende .

Specerihandlaren visade sedan sin upptäckt till en vän , från

som han lånade en jordnöt automat , ändra

dess mekanism för att dispensera bollar av gummi. huruvida detta

Historien är sann är inte känt , men det fanns förment

automater för stick -eller blockformadtuggummi så tidigt

som 1888. 1897 , den Pulver Manufacturing Company

tillsatta animerade figurer till sina tuggummi -maskiner som en extra

attraktion . Emellertid att de första maskinerna utföra faktisk

gumballs sågs inte förrän 1907 . sannolikt släppt

först av Thomas Adams Gum Co i USA .

Amerikansk entreprenör Frank Henry Fleer var en av de

tidiga pionjärer tuggummi . Bland hans tidiga projekt

var att skapa godis belagda tuggummi och hans uppfinning ,

Chiclets , är fortfarande mycket populära idag . Fleer sökte

en mer elastisk typ av tuggummi och trots hans första fruktansvärt

klibbiga och kladdiga försök , hamnade han så småningom upp med

vad vi känner som tuggummi . Märkligt nog var det hans revisor , Walter Diemer , som krediteras med att hitta

rätt kombination av ingredienser för att göra gummit elastiskt

tillräckligt för att blåsa in i en bubbla utan att kräva terpentin

för att ta bort den från huden som Fleer första prototyperna gjorde!

Diemer etablerade också den traditionella gum färgen rosa

genom att använda den enda ryans som finns på hyllan , då han var

gör sitt hopkok . Hans 1928 skapelse , Dubble Bubble ,

blev den första kommersiellt framgångsrika bubblegum . den

ursprungligen såldes som gumballs med namnet stämplat

på godis beläggning och senare som små tegelstenar med komiska

omslag. Det är fortfarande populärt i dag .

Patenterad 1923 , Norris Manufacturing Company

producerade deras Mästare linje av krom gumball maskiner

under 1930-talet . Dessa maskiner kan acceptera antingen

pennies och Nickels .

En annan tidig tillverkare av gummi för gumball

maskiner i USA grundades 1934 - Ford Gum

och Machine Company i Akron , New York . Ford

märke av gumball maskiner hade också en glänsande krom

färg. Idag , gumballs och de maskiner som de är placerade

i är allestädes närvarande och överallt från frisören

butiker och kemtvättar till livsmedelsbutiker och även en del

sviter .

snabbnudlar

Taiwanesiska - japansk affärsman Momofuku Ando

uppfann snabbnudlar . År 1958 grundade han Nissin

Livsmedel , baserade i Osaka , Japan . För år efter utgången av

Andra världskriget fanns det en konstant brist på mat i

Japan och Ando , då en bank president , fram till att

hunger var den mest akuta globala frågan om hans tid . I

1957 , misslyckades hans bank och Ando började utveckla en massproduceras

uttorkad nudelsoppa (Ramen) för att lösa det .

Under sitt första år , Ando hade ingen framgång alls . De flesta gånger

strukturen på nudlarna efter tillagning var inte rätt .

Men en dag , Andō kastade några av nudlarna i

tempura olja att hans fru hade uppvärmd för att laga middag . han sedan upptäckte att flash stekning uttorkad nudlar

och gav dem en längre hållbarhet . Inte bara det , det också

skapade små hål som gjorde dem tillagas snabbare .

Snabbnudlar är födda och , vid en ålder av fyrtioåtta ,

Ando inlett sin karriär som Mr Noodle .

Snabbnudlar var först marknadsförs i Japan den 25 augusti ,

1958 under varumärket Chikin Ramen , som betyder kyckling

Ramen . Konsumerterna anammat snabbt bekvämligheten med

gör omedelbar Fueled hemma   Det blev en stapelföda i

Japan och andra märken , som Nestlés Maggi , in på marknaden . Ando i sin tur såg till internationella kunder .

Ando hade sin nästa stora idé på en affärsresa till

USA 1966. Han observerade stormarknad chefer i Los

Angeles med hjälp av sina frigolit kaffekoppar som Fueled skålar

Förbryllad , Andō replike dessa provisoriska behållare för

en ny produkt . År 1971 , Nissin introducerade Cup Noodles -

snabbnudlar i ett vattentätt värmebeständig polystyren

cup som endast behövde kokande vatten för att laga mat . Cup Noodles

var mycket lyckad , speciellt utomlands , där skålar eller

ätpinnar var vanligtvis inte tillgängliga .

Snabbnudlar har t ll och med varit på plats ! Andō utvecklat

Space Ram , en vakuumförpackade omedelbar Fueled gjorda

särskilt för japanska astronauten Soichi Noguchi för 2005

snubbla på rymdfärjan Discovery .

Enligt en japansk undersökning som utfördes under året

2000 , " den japanska tror att deras bästa uppfinning av

det tjugonde århundradet var snabbnudlar . " Från och med 2010,

cirka 95 miljarder portioner av snabbnudlar är

ätit i hela världen varje år . Det är ett genomsnitt av 14

skålar per person ! Som Momofuku Ando , som senare blev

en japansk nationell hjälte , sade , " Mänskligheten är Noodlekind . "

ICKE- stick köksredskap

Upptäckten av non - stick -teknik började med forskning

på kylskåpet . Dr Roy Plunkett , en amerikansk kemist

på Kinetic Chemicals anläggning , ett dotterbolag till DuPont , var

att söka efter en mindre giftig kemikalie för användning som kylmedel.

År 1938 , Plunkett kokat ihop en blandning som var tänkt att

producera tetrafluoroetengas och lämnade det över natten vid en

låg temperatur och under tryck. Nästa morgon ,

han kom till arbetet för att hitta en vit , vaxartad substans istället

av den gas som han hade väntat . Den nya substansen var en

polymer - polytetrafluoreten (PTFE) . Det var snabbt

erkänd som en ovanligt hal och kemiskt

inert ämne . DuPont varumärkesskyddade processen och

kemikalie som teflon 1945 .

Genom 1951 , hade Dupont utvecklat kommersiella tillämpningar

för Teflon i bröd och kaka gör marknaden . Men

de undvek att marknaden för konsumentköksredskappå grund av

eventuella problem i samband med lanseringen av giftiga

gaser. Det var inte förrän en fransk ingenjör vid namn Marc

Grégoire hittat ett sätt att binda PTFE med aluminium

att det första non-stick cookware skapades . Grégoire

hade börjat beläggning hans fiskeredskap med teflon för att förhindra

trassel. Hans fru Colette föreslog att använda samma

metod att belägga hennes matlagning kokkärl . Colette idé var omecelbart framgångsrik och en fransk

patent beviljades för processen 1954 . 1955 , den

Grégoires började tillverka och sälja icke - stick köksredskap

ut ur deras kök. Detta visade sig vara så populär att 1956

De grundade Tefal Corporation , som bildas genom att Tef

från teflon och Al från aluminium Några år senare ,

en amerikan vid namn Thomas Hardie mötte Grégoire medan

på en affärsresa . Han var imponerad av kokkärl

och övertalade DuPont att importera dem till USA. Men

DuPont insisterade på att ändra namnet Tefal till T - Fal som

namnet var för nära deras varumärke av teflon .

Efter många försök till ränte återförsäljare, Hardie

slutligen övertygade Macys varuhus i New

York City för att placera en liten beställning av T - Fal kastruller . de

började säljas för $ 6,94 den 15 december 1960 till

allas förvåning , snabbt sålde slut även under

en svår snöstorm . Faktum är non-stick cookware var så

framgångsrika att fabriker inte kunde öka produktionen

tillräckligt snabbt för att möta efterfrågan . Genom 1961 , hade T - Fal försäljning

nådde en miljon bitar per månad enbart i USA . Annat

tillverkare anslöt snart marknaden som WEAREVER , All -

Clad , Faberware , Viking , och Circulon . Medan andra nonstick

beläggningsmaterial var också uppfanns , är det teflon som

har dominerat marknaden .

PINNAR

Ätpinnar eller kuaizi är de traditionella äta redskap för

Kina, Japan , Korea och Vietnam . Traditionellt kuaizi

hålls i den dominanta handen , mellan tummen och

fingrar , och används för att plocka upp bitar av mat. den engelska

Ordet pinne kan ha härletts från kinesiska

Pidgin engelska ordet chop - chop som betyder snabbt .

Enligt kinesisk historia , var ätpinnar först användes

under Shangdynastin , och Zhou , den sista kungen av

Shangdynastin , använde elfenben ätpinnar . Men experter

tror att bambu och trä pinnar var i bruk

över 1000 år innan elfenben ätpinnar . Den tidigaste

fysiska bevis på ett par ätpinnar gjordes

av brons och grävts ur ruinerna av Yin , den sista

huvudstad i Shangdynastin , från omkring 1200 f Kr . Den

tidigaste kända text hänvisning till användning av ätpinnar

är från den 3: e århundradet före Kristus .

De tidigaste versionerna av ätpinnar kan ha använts

för matlagning , omrörning elden , och servering eller beslagta bitar av

mat , men inte som bestick . Med en växande befolkning

och knappa resurser bränsle , började de gamla kinesiska

att skära maten i små bitar så det skulle koka snabbare och

använda så lite bränsle . Dessa lagom stora munsbitar av mat gjorde knivar onödigt vid bordet och var perfekt att äta med

ätpinnar . Pinnar började användas som bestick

Under Handynastin som de var mer Lacquerware

vänliga än andra vassa bestick.

Av 500 e.Kr. , hade ätpinnar sprids från Kina till andra

länder som Korea , Vietnam och Japan . Early Japanese

ätpinnar användes enbart för religiösa ceremonier

och framställdes av en bit bamcu förenade vid

toppen. De såg ut ungefär som en pincett . Vid den 10: e

talet , men de görs som två separata

bitar. Guld och silver ätpinnar blev populär i

Tangdynastin (618-907 e.Kr.) Men det var först under

Mingdynastin (1368 - 1644 e.Kr) som ätpinnar blev

populär för både servering och äta , utsågs kuaizi ,

och fått sin nuvarande form .

Visste du att?

I forntida och medeltida Kina , silver ätpinnar var

ibland eftersom man trodde att de skulle

blir svart om de kom i kontakt med förgiftad mat .

Denna praxis måste ha lett till några olyckliga

missförstånd . Det är nu känt att silver inte har någon

reaktion på arsenik eller cyanid , men kan ändra färg om det

kommer i kontakt med vitlök, lök , eller ruttna ägg -allt av

vilket frigör svavelväte gas .

CLING WRAP

Självhäftande wrap eller mat wrap är en tunn plastfilm som används för att försegla

livsmedel i behållare så att de förblir friska under

en längre tidsperiod. Dessa wraps kan klamra sig fast vid många

släta ytor och kan vara fortsatt hög samtidigt som det täcker

öppningen av en behållare utan lim eller annat

anordningar. Cling - wrap är populärt kallas Gladwrap

i Australien och Nya Zeeland , och Saran - wrap i

Nordamerika. Det var ursprungligen gjord av poly-vinyl

klorid eller PVDC . Dessa filmer fungerar som en barriär mot

syre , fukt , kemikalier , och värme och så är perfekta

för att skydda livsmedel samt konsument -och industri

produkter .

1933 Ralph Wiley , en högskolestudent som arbetade

som en labbassistent på Dow Chemicals , av misstag

upptäckte PVDC när han kom över en flaska som han inte kunde

skrubba ren . Han kallade substansen i flaskan eonite ,

efter en oförstörbar material i den tecknade serien Lilla

Orphan Annie . Dow forskare omvandlas Ralph eonite

in i en fet , mörkgrön film och kallade det Saran istället .

Dow senare gjorde sig av Saran gröna färg och obehaglig

lukt. Under de första åren efter upptäckten av Saran , det

användes av militären för att soraya sina stridsflygplan så

att de kan skyddas mot salta havsspray och av biltillverkare för k ädsel . År 1956 , den amerikanska läkemedels

Administration (FDA) godkän: PVDC för viss mat

kontakt och livsmedelsförpackningar . Dessutom har PVDC

också godkänts för användning som ett livsmedelskontaktytani

form av en baspolymer , i livsmedelsförpackningen packningar , i direkt

kontakt med torra livsmedel , och för kartongbeläggningari

kontakt med feta och vattenhaltiga livsmedel .

SC Johnson marknadsför nu Saran - Wrap märke av plast

film. I juli 2004 ändrades namnet Saran Original ändrats

till Saran Premium och formuleringen ändrades till

polyeten med låg densitet (LDPE), som är en säkrare och

mer miljövänlig plast. Glad- Wrap, från

Union Carbide Corporation, och Handi- Wrap, finns andra

LDPE baserad klamra - wrap varumärken .

Visste du att?

Låten clingwrap av Australian sångerska och låtskrivare Sam

Sparro innehåller texter såscm:

Du måste ha trott att jag var ditt snack ,

" Orsak nu du ska hålla med mig som klänga wrap .

Åh , för att du älskar mig .

När blev du så galen ?

Du är klibbig , du är klibbig , du är klibbig ,

Och du är som cling wrap .

KONSERVER

Historien om konserver börjar 1795 då den franska

Regeringen erbjöd 12.000 francs , ett stort pris , för alla

som kunde uppfinna en metod för att bevara mat . Napoleon

hade bekant noterade att en armé " färdas på sin mage , "

eftersom hans soldater förstördes mycket mer av hunger

och skörbjugg än genom strid .

Parisian Nicholas Appert , efter att experimentera i 15 år ,

framgångsrikt konserver med delvis laga det , tätning

den i lufttäta flaskor med korkar och nedsänkning

dessa i kokande vatten. Prover av Appert mat var

fattas av Napoleons trupper , som reste med båt över

fyra månader , och det förblev friska . Han belönades i

1810 av kejsaren , för sin uppfinning . Han skrev också en

bok med titeln The Book av alla hushåll eller Konsten att bevara

Animaliska och vegetabiliska ämnen i många år.

Brittisk köpmannen Peter Durand patenterade lufttät burk

kan metoden att bevara mat och andra färskvaror i

1810 . Resten av hans konserveringsprocessen liknade

Appert ter . Burkarna var gjorda av järn , överdragna med tenn

för att förhindra rost och var mycket lättare att hantera än

Appert s glasflaskor . År 1812 sålde Durand sitt patent till

två engelsmän , Bryan Donkin och John Hall , för £ 1000 . De satte upp en kommersiell konservering fabrik i Bermondsey ,

England , och med 1813, producerade konserver för

den brittiska armén och flottan Näringsrik konserverade grönsaker

snart elimineras skörbjugg .

Sir William Edward Parry gjorde två arktiska expeditioner till

Nordvästpassagen på 1820-talet och tog konserver

på båda hans resor . En fyra kilos burk rostad kalvkött ,

bedrivs både resor men aldrig öppnat , bevarades i

ett museum tills den öppnades 1938 . Innehållet , sedan

över hundra år gamla, befanns vara perfekt

ätbara! Men tidig burkarna försäglades med bly-lod , som

ibland orsakat blyförgiftning . Väl känt , medlemmar av

Sir John Franklins 1845 arktiska expedition led sträng

blyförgiftning efter tre år av att äta konserverad hundkött.

Den moderna konservöppnare uppfanns 1865 , vilket gör

konserver ännu bekvämare . den sanitära

eller öppen topp kan infördes av sanitära Can

Company i New York 1904 . Det började snart att dominera

marknaden eftersom det var lätt att tillverka och

krävs ingen lödning , vilket eliminerar möjligheten

av blyförgiftning . I dag finns det mer än 600 storlekar

och stilar av burkar som tillverkas och konserver

är mer populär än någonsin .

drycker på burk

Burkar användes för att förpacka öl och läsk så tidigt

som 1930. De var kraftigare än glasflaskor och enklare

att lagra och transportera . Tidigt konserverad drycker originalförsluten

och krävde en speciell öppnare . Dessa cylindriska

stansa toppburkarvar gjorda av järn eller tenn och hade en platt topp

och botten . I mitten av 1930-talet , burkar med konformade toppar

och lock som kan öppnas och hälls ut flaskor

utvecklades. Dessa kon toppar och crowntainers var

produceras förrän i slutet av 1950-talet .

Den första burk läsk , Cliquot Club Ginger Ale ,

lanserades 1938 . Den använde en konisk topp burk produceras

från Continental Can Company, som ofta läckt eller

bibringas en metallisk smak åt drycken. Dessa problem

tillverkade drycker på burk långsam för att fånga den . Genom andra världskriget ,

burkar bestod av endast tio procent av drycken marknaden.

Det tog flera år för de buggar som utarbetas . Ett

förbättrad design från Continental Kan äntligen tillåtet

Pepsi- Cola att lansera den första stora burk läsk i

1948 . Dess popularitet försenades av brist metall under

Koreakriget i början av 1950-talet , men efter 1960 , Pepsi och

Royal Crown sålde ett stort antal konserver mjuk

drycker . Inspirerad av tävlingen började Coca - Cola

marknadsföring burkar i stor skala snart efteråt . Amerikansk Erma Fraze utarbetat dragfliken öppnare i

1959. Detta eliminerat behovet av en separat konservöppnare .

Tydligen , medan på en picknick . Fraze glömde att ta en

konservöppnare och var tvunger att använda en bil stötfångare att bända

burkar öppnas . En ratt han kom ihåg händelsen och

började arbeta på en självöppnandekan. Andra hade försökt

komma med liknande enheter , men de skadats eller

bröt lätt. Fraze löst dessa frågor och hans uppfinning

gjorda konserverade drycker ännu mer populär . År 1965 , nästan

75 procent av amerikanska bryggerier använde den. emellertid

människor tenderade att kasta bort fliken efter att ha öppnat sina

kan , vilket skapar en betydande nedskräpning problem.

Snart stål-och plåtburkar höll på att ersättas av aluminium

sådana, som hade många fördelar - de var lätta ,

billigt, korrosionsbeständig , hållbara och återvinningsbara. Den

första aluminiumdryckesburkar, har tillverkats av

Reynolds Metals Company i 1963 och används för en diet cola

kallas Slenderella . Royal Crown antog aluminium

kan 1964 och 1967 , Pepsi och Coke följde .

År 1977 Fraze patenterade den första icke - löstagbara , pushin

och vik - back fliken pop öppnare . Detta löste kull

problem i samband med dragfliken . Av 1985 poptab

aluminiumburk dominerade förpackade drycken

marknaden.

ALUMINIUMFOLIE

Aluminiumfolie är definierad som ark av aluminium som

är mindre än 0,2 mm tjock . Hushållsfolie är ännu tunnare ,

typiskt 0,016 mm eller 0,024 mm . Ungefär 75 procent

aluminiumfolie används för förpackning av livsmedel, kosmetika

och kemiska produkter . Resten används i industrin

applikationer . Termen aluminiumfolie populariserades

av Reynolds Metals , den ledande tillverkaren i norr

Amerika .

Metalliskt aluminium blev tillgängliga i stora kvantiteter

1888 . Alfred Gautschi av Gontenschwil , Schweiz

var först med att producera aluminiumfolie 1903 , med hjälp av

den välkända pack valsningsprocessen . Gautschi staplade en

antal tunna aluminiumplåtar i en förpackning och rullade

det mellan tunga järncylindrar. Han upprepade processen

med successivt mindre gap mellan cylindrarna

tills den önskade folietjockleken erhölls. en annan

tidig tillverkare var Dr Lauber , Neher & Cie , baserad

i Kreuzlingen , Schweiz . År 1907 upptäckte de

en alternativ kontinuerliga valsningsprocessen och användningen av

aluminiumfolie som en skyddande barriär .

Stanniol hade funnits kommersiellt tillgängliga sedan slutet av

19-talet . Men det var inte mycket formbar och gav en lätt metallisk smak till mat insvept i den. Därför den nya

material snabbt ersatt det . 1911 , Schweiz - baserade

konfektyr fast Tobler började inslag sin choklad

barer i aluminiumfolie , inklusive deras unika triangel

chokladkaka , Toblerone . Användningen av aluminiumfolie för att

linda choklad var en nästan omedelbar succé , eftersom den

skyddade den från fukt och höll aromen intakt . Genom

1912 aluminiumfolie också används av Maggi , nu

Nestlé Maggi , packa soppor och buljongtärningar .

Kommersiell produktion av aluminiumfolie i USA började

1913 . Den ursprungliga marknaden var mycket liten , vilket gör benet

band för identifiering av tävlingsduvor . Men snart var det

många andra program som wraps för choklad, te ,

Life Savers myntverk , godis och tuggummi . År 1921 ,

den första vikbara kartong laminerad med aluminiumfolie

framställdes. Mejeriindustrin var tidigt ute

eftersom aluminiumfolie inte blev svart i kontakt med

ost och var cirka 20 procent billigare än aluminiumfolie .

Hushållsfolie först salufördes i slutet av 1920-talet .

Aluminiumfolie blev en stor förpackningsmaterial

under andra världskriget . Efter kriget började dess tillämpningar

att föröka sig , som förformade folie matbehållare som var

först lanserades 1948 . Idag , aluminiumfolie - in ljus

färger , tryckta, präglade eller laminerat är överallt .

persienner

Persienner och slat persienner är några av de mest

vanligaste persienner . De kan vara tillverkade av

plast, metall, bambu, eller till och med trä, med spjälorna

placeras en ovanpå den andra. Som snören eller band avbryta

mörkarna , kan alla horisontella lameller roteras vid

samtidigt på ett sådant sätt att en lamell överlappar med

andra . Detta hjälper till att kontrollera den mängd ljus som strömmar

in i rummet. Ytterligare lyftlinoma som går genom vardera

horisontell spjäla hjälp för att höja och sänka mörkarna . Den spjäla

bredder kan variera, med 25 mm är den vanligaste

begagnade bredd.

Den persienn kan spåras tillbaka till mitten av 18-

talet, men mycket av sin tidigare historia är baserad på gissningar.

Även om patent register kredit Gowin Knight och Edward

Beran i England med uppfinningen av persienner , det

tror att fransmännen använde dessa mörkar före

dem. Men enligt den franska till dessa mörkar som les

SPJÄLLUCKOR , vilket tyder på en asiatiskt ursprung . Vissa konton

tyder på att venetianarna , som var handlare , lärde

om dessa mörkar från perserna , och det var den

Venetian slavar som introducerade dem i Frankrike .

År 1761 , S: t Peterskyrkan i Philadelphia blev den första byggnaden i USA som utrustas med venetianska

persienner . John Webster krediteras med att vara den första personen

i USA att använda och sälja Persienner i

1767 . Persienner dök sedan i 1787 målningen

av JL Gerome Ferris , med titeln The Besök av Paul Jones till

den konstitutionella regeln . Andra bilder visar

Persienner på Independence Hall i Philadelphia

vid tidpunkten för undertecknandet av den amerikanska förklaringen om

Självständighet .

Mellan den 19: e och tidig 20th centuries , de flesta kontor

byggnader i USA började använda Venetian

persienner för att reglera flödet av ljus i deras arbetsytor .

Under 1930-talet , Rad o City Music Hall Building

och Empire State Build ng i New York blev

den första stora moderna kontorskomplex att använda Venetian

persienner för sina fönster . The Burlington Venetian Blind

Co i Burlington , Vermont , krediteras med att leverera

den största enskilda order på persienner , vilket var

används för att täcka 6.500 fönster fördelade på 102 våningar ,

av hela Empire State Building .

ARMERAD BETONG

Ordet betongen kommer från det latinska ordet concretus

vilket innebär kompakt eller kondenseras. Armerad betong

innehåller förstärkande strukturer med hög draghållfasthet ,

såsom stålstängersom motverkar den låga draghållfasthet

och elasticiteten hos normal betong. Dessa strukturer är

inbäddade i ny betong innan det härdar .

Betong har använts för uppbyggnad sedan romersk

gånger. Men tidig betong armerade och hade mycket

låg draghållfasthet . Det är inte känt med säkerhet som

uppfinnaren av förstärkning var men byggandet av

små roddbåtar av Jean - Louis Lambot i början av 1850-talet

kan vara den första lyckade exemplet . Lambot , en bonde ,

förstärkt sina båtar med järnrör och väv . Han också

föreslagits att använda materialet för konstruktion av byggnader.

År 1854 , en murare , William Wilkinson av Newcastle -upon -

Tyne , England , byggde en liten tvåvånings tjänare stuga ,

förstärka betonggolv och tak med järnstänger

och vajer , och patenterat denna typ av konstruktion i

England. Wilkinson byggde flera sådana strukturer som är

ofta som de första armerade betongbyggnader.

Joseph Monier var en parisisk trädgårdsmästare som gjorde trädgård krukor och baljor av betong armerad med en järn mesh .

Han ställde ut sin uppfinning på Paris Exposition av 1867 .

Han främjade också armerad betong för användning i järnvägs

sliprar , rör, golv, valv och broar men aldrig

förstått driftsprincipenförstärkning .

Den franska byggmästare Francois Coignet var först med att

användning armerad betong i byggnader i stor skala . han

började experimentera med järn - armerad betong i

1852. Ett år senare byggde han en fyra våningar hus helt

av armerad betong i St Denis , en nordlig förort till

Paris. Denna landmärkesbyggnad står kvar .

År 1879 , GA Wayss köpte rättigheterna till Monier s

systemet och pionjärer armerad betong i

Tyskland och Österrike . Ernest Ransome i San Francisco ,

Kalifornien , patenterat ett system 1884 som används vridna

fyrkantstänger för att förbättra bindning mellan betong

och armerings och använde den för flera stora byggnader .

Francois Hennebique i Paris hade också börjat bygga

armerad betong hus från slutet av 1870-talet . 1892 , han

patenterade Hennebique systemet för konstruktion och började

att etablera franchisetagare i större städer . Hans modulsystem

kombinerad pelare och balkar till en enda monolitisk

elementet och var till stor del ansvarig för den snabba tillväxten

av armerad betong i Europa .

KORT

Hallmark Cards och American Greetings är den största

tillverkare av gratulationskort i världen . Det uppskattas

att en person i Storbritannien skickar 55 kort per år på

ett medelvärde, göra gratulationskort en miljard pund om året

verksamhet. Seden att skicka gratulationskort datum

tillbaka till de gamla kinesiska som utbytte meddelanden

av goodwill för att fira det nya året och den tidiga

Egyptier som förmedlade sina hälsningar på papyrus

rullar .

Handgjorda papper gratulationskort var växlas i

Europa i början av 15-talet . Tyskarna är kända

att ha tryckt nyårshälsningarfrån träsnitt som

tidigt som 1400, och handgjort papper Valentines höll på att

utbyts i olika delar av Europa i början till mitten av

15: e århundradet .

Genom 1850-talet , hade gratulationskort förvandlats från

en relativt dyr , handgjorda och hand levererade

gåva till ett populärt och prisvärt sätt att personlig

kommunikation. Detta lanserade nya trender som speciellt

utformade julkort av Sir Henry Cole i London

1843 , den första publiceringen av valentinkort i USA

Staterna av Esther Howland i 1849 , och företag som Marcus avvärjer & Co , Goodall , och Charles Bennett massproducera

gratulationskort på 1860-talet . Emellertid Louis

Prang krediteras allmänt med starten av hälsningen

kortindustrin i Amerika 1856. början av 1870-talet ,

Prang började publicera lyxiga utgåvor av julen

kort, som hittade en klar marknad i England . År 1875 ,

Han introducerade den första komplett sortiment av julkort

för den amerikanska allmänheten .

Flera av dagens ledande gratulationskort utgivare ,

som fokuserade mer på den uttryckta känslor än

på illustrationer , grundades omkring 1906. De

infördes viktiga innovationer inom tryckprocesser ,

moderna tekniker och dekorativa behandlingar för hälsning

kort. Färg litografi (1930) var en sådan innovation .

Under andra världskriget , den amerikanska gratulationskort

industrin samman sina resurser för att hjälpa regeringen

sälja krigsobligationeroch ge korten till soldater statione

utomlands . Denna period markerade också början på den

nära relation med US Postal Service .

Humoristiska gratulationskort , så kallade studiokort, blev

populär i slutet av 1940 och 1950 . Med tillkomsten av

Internet elektroniska - kort , e-kort har nu blivit

mycket populära.

pocketböcker

A pocket , även känd som Pocket eller mjukt skal är

präglas av ett tjockt papper eller kartong lock

hålls samman med lim i stället för stygn eller häftklamrar.

Billig böcker bundna i papper har funnits sedan åtmin

minst det 19-talet som pamfletter , yellowbacks , dime

romaner , och flygplats romaner . De flesta moderna pocketböcker är

delas in i " massmarknaden " eller "handel" paperbacks .

Tyska publisher Albatross böcker banat väg 20

talet massmarknad pocketbok format 1931 , men

Världskriget klippa experimentet kort . År 1935 , brittisk

utgivare Allen Lane lanserade Penguin Books

avtryck med tio nytryck titlar . Avtrycket antagit många

av Albatross ' innovationer , bland annat en iögonfallande logotyp

och färgkodade lock för olika genrer , och var en

omedelbar ekonomisk framgång . Penguin Books huvudsak

började pocketbok revolutionen i den engelskspråkiga

bokmarknaden . Nummer ett på Penguin första någonsin lista över

böcker i 1935 var André Maurois ' Ariel .

Lane ville producera billiga böcker . Han köpte

pocketbok rättigheter från förlagen , beordrade stor text

körningar, cirka 20.000 exemplar , och såg för icke - traditionella

butiker att hålla enhetspriser låg . Bokhandlare var inledningsvis tveksamma till att köpa hans böcker , men när Woolworths placerat en stor order , böckerna sålde mycket bra . Efter

det första framgång, bokhandlare inte längre motvilliga

akt e pocketböcker .

År 1939 , Robert de Graaf i USA samarbetar

med Simon & Schuster för att skapa etiketten Pocket Books . Den

term pocketbok blev snart synonymt med pocket

i er gelsktalance Nordamerika . De Graaf , som Lane ,

förvärvade pocketrättigheterfrån andra förlag och

producerat många körningar . För att uppnå en ännu bredare

marknad än Lane , använde han nätverk av distributions

tidningar och tidskrifter , som hade en lång historia

av att vara som syftar till en massmarknad . Detta var början

av massmarknads pocketböcker . Press häftade , vilka är

distribueras av boken grossister och distributörer , var

lanserades ungefär samtidigt .

James Hiltons Lost Horizon nämns ofta som den första

Amerikansk pocketbok på grund av dess nummer ett

position i det som blev en mycket lång lista med pocket upplagor .

Men den första massmarknad , i fickformat , pocketbok

tryckt i USA var en upplaga av Pearl Bucks The Good

Jorden producerad av Pocket Books som ett proof- of-concept i

sen 1938 och säljs i New York City . År 1960 , försäljning från

pocketböcker först överträffade de av hardcovers .

FICKLAMPOR

Fransmannen George Leclanche uppfann den våta cellsbatteri

1866 . Den innehöll syra som kan spillas ut om vält .

År 1888 , en tysk forskare , Dr Carl Gassner , inneslutet

den våta cellen i en sluten zinkbehållare, skapa den första

bärbar, batteri den torra cellen. År 1896 , en förbättrad torr cell

uppfanns, med användning av en pasta elektrolyt i stället för en vätska.

Samtidigt Joseph Swan i England och Thomas Edison

i Amerika hade uppfunnit den moderna glöd

lampan 1879 . Torra celler och miniatyr glödlampor gjort

första elektriska ficklampor , även känd som facklor , möjliga .

År 1898 lanserade National Carbon Företag D - typ

torrbatterier , som gav tillräckligt med ström för handhållen

bärbara lampor . En av de första produkterna som drivs av det var

ett stift med en miniatyr glödlampa . Ledningar anslutna lampan

till ett batteri , som var gömd i en ficka eller bakom en halsduk .

Då bäraren pressas en switch, snabbavdrivet lampan. Användare

upptäckte snart praktiska användningsområden för denna uppfinning , såsom

läsning i mörka restauranger och teatrar .

Under många år , det ledande namnet i ficklampor var

Eveready , ursprungligen American Electrical Novelty och

Tillverkande företag . En rysk invandrare , Conrad

Hubert, började i New York , 1898. David Misell , en engelsk uppfinnare , började arbeta för Hubert 1897 . I

1899 erhöll Huberts företag patent på en elektrisk

enheten. Denna enhet , designad av Misell , såg mycket ut

en modern ficklampa. Den drevs av D - batterier som

framifrån och bakåt i ett pappersrör med glödlampan och en

grov mässing reflektor vid sin ena ände . Företaget done

vissa av dessa enheter till New York polisen, som

reagerat positivt på dem . År 1903 patenterade Hubert

en ficklampa med en on / off knapp i en modern cy indrisk

hölje innehåller lampan och batterier .

Dessa tidiga fick ampor körde på zink - kol-batterier , som

kunde inte ge en stadig ström och krävs

periodiska vilar fortsätta att fungera . De använde också

energiineffektiva kol - glödlampor , vilket innebar

att pauserna måste vara täta . Därför kan de vara

användas endast i korthet blinkar , vilket resulterar i uttrycket ficklampa.

Utveckling av vcIramglödlamparunt

1906 , med tre gånger effektiviteten av kolfilament

och förbättrade batterier , tillverkade ficklampor mer användbar

och populära. Genom 1922 , handdator , lykta och sökarljus

versioner fanns tillgängliga. Kraftfull och pålitlig vitt

Lysdioder infördes först 1999 av Lumileds

Corporation i San Jose , Kalifornien . Dessa är nu

byte av glödlampor i ficklampor .

sparbössor

Under medeltiden , metall var både dyrt och

svåra att hitta i Europa . Följaktligen familjer

använt lera för att skapa olika hushålls krukor , burkar , skålar ,

och tvättställ . I Middle English hänvisade pygg till en

typ av apelsin lera som vanligtvis används för att göra en sådan

objekt . Människor ofta sparade pengar i köks krukor och

burkar gjorda av pygg , kallas pygg burkar . Vokaler i början

Engelska hade olika ljud än de gör i dag , så

under tiden för saxarna ordet pygg skulle

har uttalat mops . Men eftersom uttalet av

' y' ändras från ett " u " till ett "i " pygg kom så småningom till

uttalas som gris . Kanske en tillfällighet , den gamla

Engelska ordet för grisar , gårdens djur , var picga , med

Mellanöstern engelska ordet utvecklas till Pigge , möjligen

grund av det faktum att djuren rullade runt i

pygg lera och smuts .

Under de kommande 200-300 åren , det

lera (pygg) och djuret (Pigge) kom att uttalas

samma och européer glömde långsamt att pygg gång

hänvisade till keramik krukor , burkar, och koppar . av

18th century , stavningen av pygg hade förändrats och

term pygg burk hade utvecklats till grisbank. Så , i den 19: e

talet, när engelska keramiker fått förfrågningar om pygg banker , började de producera banker formade som

grisar . Denna smarta visuella ordlek vädjade till kunderna och

glada barn. När betydelsen hade överfört

ämnet till formen , sparbössor började

göras från andra ämnen , inklusive glas , keramik ,

porslin , gips, och plast.

En alternativ teori är att i Tyskland och omgivande

länder , är grisen en symbol för lycka . Man trodde

att hålla pengar i en gris - formad bank skulle medföra

lycka . På nyår , så kallade lyckliga grisar är fortfarande

utbyts som gåvor i Tyskland .

Västeuropéer var inte de enda som gör piggy

banker . I Japan, Maneki Neko , eller pengar katt , är ofta

placeras i hemmet för att bringa lycka och rikedom

till hushållet. Maneki Nekos används ofta som ett slags

av spargris , hålla Loose Change och pengar för

familj. Ännu mer intressant är den första riktiga sparbössor ,

terrakotta banker i form av svin med slitsar i toppen

för att sätta in mynt , gjordes i Java så långt tillbaka som den

14: e århundradet . Den indonesiska termen celengan , som betyder " som

ett vildsvin " , användes för att beskriva dessa inhemska banker .

GUMMIBAND

Ett gummiband , även känd som ett bindemedel, ett elastiskt eller

elast skt band , en lakej bandet laggy band, lacka band, eller

gumband , är en kort längd av gummi i form av en

loop som ofta används för att hålla flera objekt

tillsammans. De används också för att driva en liten modell

flygplan .

År 1839 uppfann en amerikan vid namn Charles Goodyear

processen för vulkanisering som fortfarande används för att göra

modern gummi. Den 17 mars 1845 en brittisk uppfinnare

och affärsman vid namn Stephen Perry patenterade

första gummiband gjorda av mjukgummi . Perrys

corporation , Messers Perry och Co , Gummiindustrin

i London , gjorde en mängd vulkaniserat gummi .

Perry uppfann gummiband för att hålla papper eller

kuvert tillsammans. Interestingly annan uppfinnare, en Dr

Jaroslav Kurash , separat uppfann och patenterade

gummiband i samma år , på samma dag .

Gummiband var första massproducerade av William H.

Spencer den 7 mars 1923 i Alliance , Ohio . de var

gjort i sin källare från fållar skurna från kasserad

gummiprodukter , som till exempel avvisade innerslangar från

Goodyear Company. Spencer , en bromsare för Pennsylvania Railroad, började sälja sina gummiband

till kontor - utbudet butiker och pappers -och garnbutiker. hans

stora genombrott kom när han märkte exemplar av The Akron

Beacon Journal blåser över gräsmattor . Han övertalade

tidningen att binda sin produkt med sina gummiband

och det blev den första tidningen i världen att göra det

för hemleverans . Han förmådde även livsmedelsaffär att använda sin gummiband istä let för snöre för att säkra livsmedel .

Spencer fortsatte att arbeta för järnvägen i 14 år

samtidigt bygga ett gummiband företag på sin Alliance

växt . Idag är hans Alliance Rubber Company den största

producent av gummibandeni världen . Det gör 17,3

miljarder gummi band per år , utöver andra kontor ,

utskick och förpackningsprodukter. Produkterna säljs i

mer än 30 länder . Spencer dog 1986 , i åldern 94 .

Visste du att?

Människor i Storbritannien skulle klaga brevbärare nedskräpning

genom att kasta bort gummibanden som används för att hålla post

tillsammans. År 2004 , Royal Mail presenterade röda band för

sina anställda . De var lätta att upptäcka och endast den kungliga

Mail använt dem . Detta gjorde de anställda känner sig tvingade

att plocka upp band som de hade sjunkit , vilket till stor del

löst problemet. För närvarande , några 342 miljoner röda

band används varje år.

golvur

Moraklockor , riktigt kallade golvur , är

lång, fristående , vikt - driven pendel klockor med

perdeln höll i väskan. Termerna farfar ,

mormor och barnbarn har alla använts för

golvur . Den allmänna uppfattningen verkar vara att en

klockan är kortare än 5 ft är ett barnbarn , mellan 5 och

6 ft är en mormor och över 6 ft är en farfar . Mest

golvur slå tiden på varje timme eller del

av en timme. Det var brittiska klocka Maker William Clement

som producerade den första golvur runt 1680.

Som historien går , var en särskild longcase klocka placerad

i lobbyn på George Hotel i Piercebridge , North

Yorkshire , England , där den fortfarande står i dag . det var

sägs vara exceptionellt noggrann . Hotell ägare var

ett par ungkarlar , de Jenkins bröderna . När en av

bröder dog , den tidigare exakt klocka nyfiket

började förlora tid . Först förlorade 15 minuter per dag , men

när flera clocksmiths gav upp att försöka reparera

sjuklig klocka , var det att förlora mer än en timme varje

dag. Efter den andra brors död , slutade klockan

körs helt och hållet. Den nya chefen för hotellet aldrig

försökt att få den reparerad . Han lämnade bara den står i en

solbelyst hörn av lobbyn , sina händer vilar i den position de antas det ögonblick den sista Jenkins bror dog .

Runt 1875 , en amerikansk låtskrivare vid namn Henry

Clay Work råkade vara vistas på George Hotel

under en resa till England . Han fick höra historien om den gamla

klocka och efter att ha sett den för sig själv , bestämde sig för att komponera en

låt om det . Arbetet kom tillbaka till Amerika och publiceras texten till den här låten , min farfars klocka , 1876. Den

Låten var en stor hit , sålt över en miljon exemplar av plåt

musik , och popPulariserade termen farfar klockan. Här

är den första versen och refrängen av låten :

Min farfars klocka var för stor för hyllan ,

Så det var nittio år på golvet ;

Det var längre med hälften än den gamle mannen själv ,

Även om det vägde inte en pennyweight mer .

Den köptes på morgonen på dagen att han var född ,

Och var alltid hans skatt och stolthet ;

Men det stopp'd kort aldrig att gå igen - när den gamle mannen dog .

KÖR

Nittio år utan slumrande (tick , tick , tick , tick) ,

Hans livs sekunder numrering (tick , tick , tick , tick) ,

Det stopp'd kort aldrig att gå igen - när den gamle mannen dog .

COMPACT SKIVOR

År 1974 , elektronikföretaget Philips , baserat i

Eindhoven , Nederländerna, började utveckla en

optisk ljudskiva med bättre ljudkvalitet än den

då dominerande vinylskiva . De bestämde sig snart för att använda

ett digitalt format. År 1977 , Philips startade ett laboratorium för

kommersialisera sin teknik . De valde termen

CD-skiva, och dess storlek , 11,5 cm , för att matcha en annan

Philips-produkt - den kompakta kassetten .

Under tiden , Sony , baserat i Japan , hade offentligt

visade en optisk digital ljudskivai september

1976. 1978 , utvecklade de en skiva med specifikationerna

liknande den moderna CD . År 1979 , de två företagen

bestämde sig för att förena sina ansträngningar och upprätta en gemensam uppgift

kraft att fullfölja utvecklingen av tekniken . Efter en

år , arbetsgruppen producerat Red Book CD-standarden ,

som fortfarande följs idag. Philips bidrog

allmänna tillverkningsmetoden, som grundar sig på den äldre

Laserdisc och ljudmoduleringsteknik, medan

Sony bidrog felkorrigering algoritm .

Skivan var inte allmänt välkomnas . Den stora

Amerikanska skivbolag - CBS , Warner , och RCA - ville

att fortsätta att sälja vinylskivor . Men även då , ville inte alla vinyl . Den berömda dirigenten Herbert

von Karajan var en stor förespråkare av CD . Han uppgav

sitt stöd till det nya systemet och jämförs musik på

traditionella rekord till föråldrade gas belysning .

Det första testet CD pressades av Polydor nära Hannover ,

Tyskland , och innehöll Richard Strauss Eine Alpensinfonie

(En alpin symfoni) , som spelas av Berlins filharmoniker

och genomförs av von Karajan . I augusti 1982 PolyGram

släppte den första kommersiella cd - ABBA : s 1981 album -

Besökarna . Den 2 mars 1983 fick cd-spelare släpptes

USA och övriga marknader .

Cd krävt utveckling av en ny förpackning

som skulle skydda sin känsliga ytan från skador . den

också tvungen att hålla ett häfte och kunna automatiskt

montering. Lag på PolyGram i Tyskland och

Nederländerna utarbetat en lämplig tredelad paket gjort

av plast (polystyren) . Prototypen var så felfri

att det var ett smeknamn Jewel Case . Det är forfarande den

världsstandard för CD-förpackningar .

Idag skivor arvänds för att lagra data samt musik . nyare

video format som DVD och Blu - ray använder också

samma fysiska geometri som CD . Men med den senaste tidens

populariteten för MP3-filer , är försäljningen av CD-skivor minskar .

STYROFOAM / thermocol

Polystyren är en hård och klar plast som var av misstag

upptäcktes 1839 av Eduard Simon , en apotekare i

Berlin. Han hade destillerat en oljig substans från storax ,

hartset av den turkiska sweetgum träd , som han kallade

styrol . Flera dagar senare Simon konstaterade att styrol hade

förtjockas til en gelé . År 1866 , kemisten Marcelin Berthelot

upptäckte att denna förändring beror på polymerisation av

styren, ett flytande petro funnen i storax och

ämne blev känd som polystyren .

År 1941 , gummi var en bristvara på grund av World

War II och forskare i Dow bolagets Chemical

Physics Lab försökte utveckla en flexibel , gummiliknande

elektrisk isolator . Endags lagledare Otis McIntire

försökt kombinera styren och isobuten, en flyktig

vätska under tryck . Till sin förvåning att isobuten

bildade små bubblor inom styren , skapa ett nytt

substans, som var 30 gånger lättare och mer flexibla än

solid polystyren . Det var också billigt och fukt

resistenta. Denna extruderad polystyren anammades snabbt

av den amerikanska kustbevakningen för att användas i en sex - personers livflotte . snart

många andra krigsapplikationerföljde. Dow patenterad

det material som frigolit 1944 och introducerade den till

den civila marknaden 1954 är det främst används för isolering av byggnader och konst och hantverk . Idag.

När polystyren är exponerat för ett gasformigt jäsmedel ,

den bildar en annan användbar ämne som kallas utökad

polystyren (EPS) . EPS består av små skummat polystyren

pärlor som innehåller miljontals luftbubblor . dessa kan

formas till en stark, lättvikts-och termiskt isolerande

fast ämne som kallas också thermocol , ett namn som införts genom

Tyska kemiföretagetBASF 1951 .

År 1954 , den Koppers Company Inc. i Pittsburgh ,

Pennsylvania , utvecklade EPS skum . År 1957 , den Vaxad

Paper Company, Chicago , Illinois , inlämnad den första patentet för polystyren koppar. De hävdade att deras metod

kunde göra koppar som kan hållas bekvämt "även

om kokande vatten hälles i koppen. ' det emellertid

var först år 1970 som Koppers bolaget införde

moderna skum koppar . Deras koppar hade tunna väggar , mindre än

dubbla diametern av pärlorna , och utmärkt termisk

isoleringsförmåga . De blev snabbt populär för varmt

drycker . EPS takeout behållare , picknick kylare, industriell

förpackning , och andra program följde . emellertid

eftersom frigolit är en varumärkesskyddad ämne som används främst

för byggisolering . strängt taget , det finns ingen sådan

sak som en frigolit cup ! En EPS cup skulle vara en mer

korrekta namn .

Vippor / HAWAII chappals

Flip-flops är också kända som zori (Japan) , remmar

(Australien) , jandals (Nya Zeeland) , Hawai chappa s (Indien

och Pakistan), och många andra namn i hela

världen. Namnet vippan sitt ursprung från ljudet

Dessa sandaler gör när hon gick .

Tongs har burits i tusentals år .

Bilder av dem förekommer i forntida egyptiska väggmålningar från

4.000 f Kr . De äldsta bevarade exemplen gjordes

från papyrus blad ca 1500 f.Kr. och är nu i

British Museum . Tidiga vippor gjordes från många

material som papyrus och palmblad (Egypten) , råhud

(Kenya) , trä (Indien) , ris halm (Kina och Japan) , sisal

blad (Sydamerika) , och yucca växter (Mexiko) .

Flip-flops från olika civilisationer hade också olika

positioner för tån remmen . De gamla grekerna placerade den

mellan den första och andra tår , romarna föredrog

den andra och tredje, medan mesopotamierna valde

den tredje och fjärde . Japanerna har på sig

Zori sandaler eftersom åtminstoneden Heian perioden (794-1185

AD) . Den moderna vippan infördes i Förenta

Staterna när soldaterna kom tillbaka zori med dem efter

Andra världskriget från Japan som souvenirer . De blev riktigt populär under 1950-talet . Flip-flops var så

lätt att göra att de blev de första produkterna att vara

lanserades av många japanska företag under sin post-

Krig ekonomisk återhämtning . Mitsubishi köpte ut många av

dessa företag och blev en stor tidig exportör av flipflops .

De flesta tidiga vippor hade gummisulor och var

så dåligt gjort att de orsakade blåsor och inte sista

mycket lång . Så småningom japanska företag flyttade flipflop

produktion till Taiwan , Korea , och sedan till Kina för att

minska kostnaderna .

Idag , flip-flops , som jeans , har utvecklats från deras billiga , arbetarklass ursprung i vardag och ibland

även i high fashion . Viss kostnad så lite som $ 1 , medan

andra översållad med Swarovski kristaller kostar $ 150 eller mer .

Under 2011 , när jag semestrar på Hawaii , Barack Obama

blev den första amerikanska presidenten att bli fotograferad

klädd i flip-flops . Dalai Lama tycker också vippor

och ofta bär dem till formella tillfällen .

Visste du att?

Den enkla konstruktionen av flip-flops är ansvarig för många fot

och lägre benskador . Under 2010 , i Storbritannien ,

så många som 200.000 människor åkte till sjukhuset med vippa

relaterade skador . Dessa skador kostar British National

Health Service £ 40.000.000 .

PLYWOOD

" Plywood , " förklarade Populärvetenskap 1948 , " är en

layercake av timmer och lim . " Den består av tunna skikt ,

mindre än 3 mm tjocka , av billig trä som limmas

tillsammans med angränsande skikt som har sin säd till höger

vinklar mot varandra . Sådan tvär ådring är mycket viktigt

för ökning av styrka och hållbarhet av plywood.

Egyptierna uppfann en form av plywood runt 3500

BC . Under en trä brist , började de klistra tunna lager

av dyra trä ovanpå fler paneler. Genom 1000-talet ,

kineserna var raka trä och limma ihop till

göra möbler . De engelska , franska och ryssar också

förstått den allmänna principen om plywood av den 17: e

och 18-talen . Tidig plywood var oftast gjorda av

dekorativa lövträd och används för möbler .

Det första patentet för moderna plywood utfärdades 1865

John K. Mayo i New York City . Mayo förstod

principen om kors ådring , men han aldrig kommersialiserade

sin uppfinning.

År 1905 , den Portland Manufacturing Company , ett litet

trä - rutan fabriken i Portland , Oregon , började

tillverkar plywood från en mängd olika mjuka träslag som den lokala douglasgran . De använde penslar som lim

spridare och hus -uttag som pressar och skapat flera

paneler för visning på Portland världsutställningen samma år .

Där rönt stort intresse och en industri var

född . Fram till omkring 1919 var plywood även känd som skal

styrelse , klistras trä , och bebyggda trä .

Brist på ett vattentätt lim fortfarande gjort plywood

olämpliga för långvarig användning utomhus . Det var inte förrän

1934 att Dr James Nevin , en kemist på Harbor Plywood

Corporation i Aberdeen , Washington , utvecklat en

helt vattentät achesiv. I slutet av 1930-talet , efter

omfattande marknadsföring , plywood ansågs vara en stark

och slitstarkt material för att bygga hus . VÄRLDSKRIG

II såg det sätts till många andra användningsområden - lådor, hyddor ,

baracker , torpedbåtar , segelflygplan, och livbåtar vara några

av cem. Industrin har fortsatt att växa sedan dess .

År 1982 Kitply Industries Limited börjat använda s g av

vattentät plywood i Indien . Idag är materialet ofta

helt enkelt kallas kitply . Men innan dess , så tidigt som 1906 , Indien

hace redan börjat importera plywood . Två plywood

fabriker startades i Assam under 1923-1924 , främst för

göra te kistor . Branschen expanderade snabbt under

Andra världskr get och plywoodfabrikersom använder indisk trä

sattes upp över hela landet .

Elektriska fläktar

En ingenjör från New Orleans som heter Schuyler Wheeler

upofann den första elektriska fläkten mellan 1882 och 1886.

Den hade två blad som var fästa till en elektrisk motor , men ingen

skyddande bu . Den Crocker & Curtis elmotor

Företag kommersiellt marknadsfört denna produkt .

Tysk - amerikansk uppfinnare Philip H. Diehl infördes

den elektriska takfläkt. Diehl var en tysk invandrare

som arbetade för Singer Sewing Machine Company . I

1882 han monterat ett fläktblad på en symaskin motor

och fäst den i taket , på så sätt att uppfinna taket

fläkt , som han patenterade 1887 . Senare , som chef för Diehl

och Co , tillade han en armatur till takfläkt . År 1904 ,

tillade han en split - kulled , som tillät riktning

luftflöde som skall ändras ; tre år senare , blev detta den

första oscillerande fläkt.

Tidiga elektriska fläktar var ganska dyra och var

endast används i stora kontor eller rika hem . Den första

prisvärda fläktar gjordes från runt slutet av 1890-talet till

tidigt 1920-tal . De flesta av dem hade mässingsblad och burar .

Emellertid var de burar egentligen inte avsedd att skydda

användaren , men de dyra fläktbladen . Faktum är att de ofta

hade öppningar som är tillräckligt stora för barnen att lägga sina händer på insidan , vilket leder till många skador .

Världskriget resulterade i en brist av mässing , som var

behövs för ammunition , så fläkttillverkarebytte

att stålburar . General Electric introducerade fans med

lappande aluminiumblad, som körde mycket mer

tyst , i slutet av 1920-talet . Emerson introducerade den vackra

men funktionella Silver Swan fläkt 1932 . Dess décodesign

begagnade aluminiumbladmen baserades på formen av en

yacht propeller . Denna svan fan var en stor framgång och

sannolikt bidragit Emerson överleva den stora depressionen .

Den ökande populariteten av luftkonditioneringar under

1950-talet minskade efterfrågan på elektriska fläktar och

tillverkare svarade med att minska kostnaderna på bekostnad

kvalitet.

År 1998 , amerikansk Walter K. Boyd uppfann highvolume

låg hastighet (HVLS) takfläkt . Boyd var

att utveckla ett system för att kyla mjölkkor , som producerar

mindre mjölk när de är överhettad. Han skapade en stor

elektrisk fläkt som används 10 aluminiumbladoch hade en

diameter på 8 meter. Det rörde sig långsamt , men var mycket energieffektiv

och inte sparka upp damm . Idag HVLS fans är

ofta används i industriella lager, fabriker och

köpcentra för att minska värme och kostnader kylning .

CONFETTI

Confetti är ofta kastas på parader, fester och

bröllop . Det är oftast gjord av många små bitar

av papper, Mylar , eller metalliskt material. Det är tillgängligt

i ett antal olika färger och former som stjärnor och

snöflingor .

Det engelska ordet konfetti är relaterad till den italierska konfektyr med samma namn , vilket var en liten söt

traditionellt kastas under karnevaler. De kan ha

uppfunnits i staden Sulmona , L' Aquila provinsen ,

Centrala Italien , under 15-talet , där de fortsätter

att tillverkas och säljs även i dag . även känd

som dragé , Jordanien mandel , eller sockrade mandlar , Italienska

konfetti består av mandel eller andra nötter täckta med en

lager av hård socker. Namnet kommer från det italienska

Ordet confit , som i confiture , som betyder frukt bevara eller sylt .

Det italienska ordet för papper konfetti är coriandoli , vilket betyder

koriander , vilket kan innebära att ursprungligen sötsakerna

innehöll koriander snarare än mandlar .

Av tradition är italienska konfetti görs i olika färger och

ges ut till gästerna på festliga dagar , ofta insvept i

små påsar av lätt nät (tyll) . Det finns

traditionella betydelser som tillskrivs färgerna blå eller rosa för dop , rött för födelsedagar och gradering , grönt för

förlovningar, vitt till bröllop , och en mängd olika färger

för årsdagar . På ett bröllop , de sägs representera

hopp om att det nya paret kommer att ha en fertil äktenskap .

Britt antagit konfetti för bröllop , förskjuta

traditionell ris, löv eller blommor, i slutet av den 19: e

talet , med hjälp av symboliska strimlor av färgat papper i stället

än riktiga sötsaker. En 1885 numret av Scientific American

tidningen inspelade lappar färgat papper kastas

över människor i Paris på nyårsafton , 1881. I början av

1900-talet . papper konfetti var maskin som ti lverkas och säljs

runt om i världen . Cascarones , konfetti fyllda äggskal

till för att brytas ovanför huvudet på en vän , var

utvecklats i Mexiko under 19-talet , där de

har blivit populära under semesterfirandetsåsom

Påsk , Cinco de Mayo , och Carnival .

Naturlig petal konfetti , tillverkade av frystorkat blomma

kronblad , har nyligen blivit populär på bröllop .

Visste du att?

Confetti har en notering i Guinness World

Records . Casey Larrain i Kalifornien har den största

insamling av konfetti med några 1.700 unika former ;

inklusive konfetti formade som varm korv, Elvis Presley ,

älvor , pirater , hårtork , nagellack och läppstift .

PAPP

Ordet kartong har varit i bruk sedan så länge tillbaka

som 1683 , då det sades , "De skidor som nämns i

skrivare " grammatiker av förra seklet var av papp

eller papp " . De första kommersiella papplådor

producerades i England 1817 . Dessa gjordes

från tunga papper som veks och skära in i

form av en låda .

Wellpapp eller veckat papper är starkare än normalt

papper . Den patenterades i England 1856 av Healey och

Allen och ursprungligen blev populär som en liner för lång päls

hattar. Det var inte förrän 1871 som enkelsidig wellpapp

styrelser patenterades och användes för frakt. patentet

utfärdades till Albert L. Jones i New York City , som används

den för inslagning av flaskor och glas lykta skorstenar .

G. Smyth byggde den första maskinen för massproducerande

wellpapp 1874 . Samma år , Oliver Lång

förbättras Jones design genom att uppfinna den moderna

dubbelsidig wellpapp. 1884 , svenska kemisten

Carl F. Dahl fann att pappersmassa från barr träd ,

såsom tall , skulle kunna användas för att skapa hårda kraftpapper.

Idag wellpapp görs genom pressning

lager av kraftpapper till en upprepande s "form kallas wellpapp medium eller fluting . Flera skikt av kraftpapper ,

kallade liners , limmas sedan på vardera sidan av den fluting.

Skott- född Robert Gair , en skrivare och papper - väska Maker

i Brooklyn , New York , uppfann den förskurna kartong eller

kartonglåda1890 . Gair s uppfinning var en olycka .

En dag han skrev ut en order av fröpåsar när en

metall linjal normalt används för att skrynkla påsar skiftas i

ställning och skär dem i stället . Snart Gair upptäckt att

han kunde göra billig prefabricerad kartong

boxar genom att skära och skrynklor dem i en operation .

Gair gällde också hans idé att wellpapp falskartong när
det blev til gängliga under det tidiga 20-talet . snart
pappfraktkartongerersatte trä
backar och lådor . Detta sänkte den totala vikten på
transporten och slutligen fraktkostnaderna . Kellogg
Företag börjat använda sig av kartonger som
spannmål kartonger och Kieckhefer Container Company
Chicago utvecklade papper mjölkkartonger .
Berömd kanadensisk - amerikanske arkitekten Frank Gehry
introducerade Easy Kanter kartong möbler ti l designen
världen mellan 1969 och 1973. Flera företag nu
tillverka och sälja kartong bord , stolar och bänkar som kan
stödja tusentals pounds .

DAMMSUGARE

Många utvecklade dammsugaren . Det fanns
flera handdrivnamattsopare patenterade under
19-talet . År 1899 , John Thurman i St Louis , Missouri ,
designat en matta renovator drivs med tryckluft .
Dock var Thurmans maskin inte en dammsugare ;
Det blåste damm i en behållare i stället för att suga in den

Engelsk ingenjör Hubert Booth har det starkaste påståendet

att uppfinna den motoriserade dammsugare . År 1901 , han

deltog i " en demonstration av en amerikansk maskin av dess

uppfinnare " (möjligen Thurman) på Empire Music Hall

i London. Booth såg apparaten blåsa dammet av stolar

och trodde det skulle vara mycket bättre om det suger dammet

stället. Han skapade en stor enhet , ett smeknamn pust

Billy , som ursprungligen drevs av en oljemotoroch

senare av en elektrisk motor. Vakuumpumpen och motorn

inhystes i en hästdragen vagn, från vilken en lång

slang ormade in i huset . Booth startade den brittiska

Vacuum städfirma (BVCC) och förfinat sin

uppfinning under de närmaste decennierna . dammsugning

var en sådan nyhet att samhällets damer i England bjöd

sina vänner över för vakuum parter !

År 1907 , James Spangler , en vaktmästare från Canton , Ohio , uppfann den första praktiska , bärbara elektriska vakuum

renare . Spangler försökte förbättra den gamla mattan

sweeper han används i arbetet . Han mixtrar med en gammal elektrisk

fläktmotor, fäst den på en soapbox häftas till en kvast

handtag , och använde ett örngott som dammsamlare. han

sedan startade ett företag för att sälja sin uppfinning men snart säljs

den till affärsman William Hoover . Hoover omgjorda

Spangler maskin och lanserade Model O 1908 .

Innovativ marknadsföring , däribland 10 - dagars gratis hem prövningar

och dörr - till-dörr försäljare , gjorde snart Hoover

Company mycket framgångsrikt. I Storbritannien , r amnet Hoover

blev synonymt med dammsugaren. Även

idag . Hoovers man sina mattor . Andra tillverkare , exempelvis

som Eureka och Electrolux , började tävla med Hoover .

Mellan 1978 och 1993 , brittisk industridesigner James

Dyson byggt 5000 prototyper innan han fulländat s n påslösa

dammsugare , som drivs på principen

av cyklonseparat on. Ingen tillverkare eller distribuör

skulle hantera Dyson Dual Cyclone , eftersom det skulle störa

den värdefulla marknaden för utbyte dammsugarpåsar . han

till slut bestämde sig för att sälja produkten själv genom

kata oger och det blev den snabbast säljande vakuum

renare någonsin gjorts . I maj 2001 Dyson hade 52 procent av

marknaden i värde . Nyligen , robotdammsugare,

såsom iRobot s Foomba , också har blivit populärt .

LÅS

Historiker är osäker på var och när den första slussen var

uppfunnet . En warded lås använder en uppsättning avvärjer (hinder)

att förhindra låset från att vrida sig . Rätt nyckel har

skåror matchar avdelningarna , vilket gör det att rotera fritt .

Denna mekanism var troligen uppfanns av romarna

och är fortfarande i dag . Det är dock inte säkert , eftersom

avdelningarna kan kringgås med ett skelett nyckel där

de flesta spåren har tagits bort .

De flesta andra lås innehåller tumlare som måste flyttas

av nyckeln för att öppna dem. Ett exempel är den stift

lås , som innehåller en uppsättning av nålar av olika längd som

hindra bulten. Rätt nyckel lyfter stiften , vilket gör att

bult att vända . Egyptierna visste denna grundläggande princip genom

2000 f Kr . Amerikansk låssmed Linus Yale Sr uppfann

modern cylindriska stiftslås 1848 . Hans son , Yale ,

Jr , introducerade en mindre , platt nyckel 1861 med tandad

kanter som skulle kunna göras i tusentals varianter ,

vilket förbättrar säkerheten . Han utvecklade också den moderna

kombinationslås år 1862 .

Engelska låssmed Joseph Bramah patenterade Bramah

cylindrisk säkerhetslås 1784 . Dess sofistikerade

mekanism som används sex metallplattor som tumlare . År 1790 , Bramah visade en utmaning Lock i sitt skyltfönster ,

monterade på en bräda som läser :

Den konstnär som kan göra ett instrument som kommer att plocka eller öppna

denna låset skall få 200 guineas det ögonblick den produceras .

Detta lås ansågs unpickable under 67 år fram till

Amerikansk låssmed Alfred Hobbs öppnade den och var

delas priset . Hobbs ' försök krävs 51 timmar ,

spridda över 16 dagar .

Lever tumbler lås använda en uppsättning hävarmar , ofta fem eller sju

av dem , som d cksglas . De uppfanns i Europa i

17-talet . Robert Barron England patenterat en

dubbelverkande version år 1778 som krävde spakarna

att lyftas till en viss höjd för att öppna låset , vilket

förbättra säker eten . Den används fortfarande i cag , i synnerhet

för kassaskåp och fängelser . Jeremiah Chubb från Portsmouth ,

England , uppfann en detektor lås 1818 . Denna spak

tillhållarlås haft en viktig säkerhetsfunktion : den fastnat

när någon försökte manipulera det .

Skivan tillhållarlås uppfanns av Emil Henriksson

1907 . Det har sitsade roterande skivor som fungerar som tumlare .

Mekanismen är hållbart och som inte kan knuffas , dvs

öppnas med en speciell bump nyckel , till skillnad pin tumbler lås .

Nyligen elektroniska lås har också blivit populärt .

FJÄRRKONTROLL

Berömd serbisk - amerikanske uppfinnaren Nikola Tesla

utvecklat en av de tidigaste exemplen på den moderna

fjärrkontroll. År 1898 visade han en radiostyrd

båten under en utställning på Madison Square

Garden , New York. Snart därefter , spansk ingenjör

Leonardo Torres - Quevedo utvecklat en trådlös fjärrkontroll styrsystem han kallade Telekino . År 1906 , Torres

framgångsrikt kontrollerat en motordriven båt i Bilbao

hamnen från land , över en mil bort , i närvaro

av kungen av Spanien och många andra.

Den första tv- fjärrkontrollen utvecklades 1950 av den

Zenith Electronics Corp i Chicago . Zenith president

ville utveckla en enhet till " ställa ut irriterande

reklamfilmer ". Deras första fjärrkontroll , kallad Lazy Bones , var

ansluten till TV med en tråd , men det orsakade ofta

snubbla . Zenith utvecklades sedan en trådlös fjärrkontroll ,

den Flashmatic . Det fungerade genom att lysa en ljusstråle mot en

TV utrustad med fyra fotoceller . Men de flesta människor

glömt vilken cell gjorde vad och de var ofta utlöses

med andra ljuskällor .

År 1956 , österrikisk - amerikanske uppfinnaren Dr Robert Adler

utvecklat Zenith Space Command för att lösa dessa problem . Han använde ultraljud för att sända signaler till TV .

Hans ursprungliga modellen var mekanisk - fyra aluminiumstänger

genererade ultraljudstoner. Processen producerade en

hörbart klick när en knapp trycktes in , från vilken

kommer den moderna termen klickern .

De första rymd befaller enheter var dyra eftersom

sina mottagare används sex vakuumrör , höja priset på

en TV med trettio procent . I början av 1960-talet började fjärrkontroller

med hjälp av transistorer och blev billigare och mindre . Zenith

började skapa små batteridrivna fjärrkontroller

som används piezoelektriska kristaller , istället för aluminium

stavar, för att generera ultraljud . Ultraljuds fjärrkontrol er

baserat på Adlers utformning var populär för nästa 25

år . Men de var långt ifrån perfekt . Alla naturligt

förekommande buller kan utlösa mottagaren av misstag och

husdjur kunde höra u traljudssignaler . År 1980 , en kanadensisk

företag som heter Viewstar lanserat en fjärrkontroll

att använda infraröd istället för ultraljud . Dessa var en

omedelbar succé och infraröda fjärrkontroller från Viewstar ,

Zenith , och andra företag började snart att dominera

marknaden.

I början av 2000-talet , hade de flesta hem ett stort antal

elektronisk utrustning , var och en med en fjärrkontroll . Nu finns det till och med

en fjärrstyrd toalett , Kohler C3 !

Modersmjölksersättning

Det är ett obestridligt faktum att bröstmjölk är den bästa maten

för spädbarn . I äldre tider , kvinnor som inte kunde

amma sina barn för att förlita sig på andra som våt

sjuksköterskor för att mata dem bröstmjölk . Emellertid under

19-talet , började folk att föda barn mjölk från

kor, getter, hästar , och även åsnor. Komjölk var

den vanligaste.

Men sådana flaskmatade barn var mindre hälsosamt än

ammas ettor och led av uttorkning och upprörd

magar . År 1838 , tysk vetenskapsman Johann Franz Simon

fann att komjölk var mycket högre i protein men

lägre i kolhydrater än modersmjölk . Läkare sedan

föreslog att mödrar tillsätt vatten , socker och grädde till

gör det mer som bröstmjölk .

Den första egentliga modersmjölksersättning utvecklades 1860 av

Tyska forskare Justus von Leibig . Leibig s Lösligt Infant

Mat var en pulveriserad blandning av vetemjöl , uttorkad

komjölk, maltmjöl, och kaliumbikarbonat som

hade för att blandas med varm komjölk. Nestlé

Företag i Schweiz kom snart upp med sina egna

formel som liknade Leibig s , men billigare . År 1919 , en ny modersmjölksersättning som heter SMA (
Synthetic

Mjölk Adaptation) har utvecklats av SMA Nutrition av

Michigan. Den ersatte mjölkfett med animaliskt och vegetabiliskt

fetter och även innehåller fiskleverolja . Några år senare

Nestlé introducerade Lactogen , tillverkad av vegetabiliskt

olja , som en konkurrent till SMA .

I mitten av 1920-talet , blev formel jätte Similac startade

Boston, Massachusetts. Deras formel innehöll en blandning

av komjölk , vegetabilisk olja , kalcium och fosfor

salt. Den fick sitt namn eftersom det var förmodligen så lika

till amning . Ändå var det inte många människor som använt

modersmjölksersättning på grund av dess höga kostnad. År 1883 , John B.

Myenberg uppfunn t ett förfarande för att avlägsna socker från

konderserad mjölk . Andra tillade sedan komjölk , majs

sirap, cch vatten för att skapa en billig, sockerfria

modersmjölksersättning som var lätt att smälta . Spädbarn som matas på

Det blev precis lika bra som ammade spädbarn och av 1930-talet ,

modersmjölksersättning blev mycket populär .

I slutet av 1950 började Similac sätta järn , eftersom

formel som ammas tenderade vara järnfattig jämfört

spädbarn under amningsperioden . Sedan 1970-talet , många andra

förbättringar har gjorts till modersmjölksersättning för att ge

det så många fördelar med bröstmjölk som möjligt .

Q-tips

Bomu lspinnar , bomullspinnar eller öronsnäckor består av en liten

tuss av bomull lindat runt en eller båda ändar av en kort

stång . oftast gjorda av antingen trä , rullat papper e ler plast .

Polsk - född amerikansk Leo Gerstenzang , som bodce i New

York, uppfann bomullstuss på 1920-talet . upon

observera hans fru ansöker förladdningar av bomull till tandpetare

i ett försök att nå svår rena områden , Gerstenzang ,

som var den ursprungliga grundaren av Q-tips Company,

hade idén att tillverka en i ett stycke redo att använda

bomullspinne . År 1923 grundade han Leo Gerstenzang

Spädbarn Novelty Co , ett företag som marknadsförs spädbarnsvård

tillbehör . Hans produkt , som han namngav Bebis Gays och

senare Q- Tips Gays , fortsatte med att bli den mest

sålde märkesnamnQ-tips , där Q stod för kvalitet .

Ursprunget för de namn baby homo är inte klart.

År 1958 , det Q-tips Bolaget köpte Pappers Sticks

Ltd i England , en tillverkare av papper fastnar för

konfektyrhandeln. Dess maskiner var senare

bringas till USA och används för att tillverka tops

Papper Applicator bomullspinnar . Detta gjorde Q-tips tillgängliga

i både trä- och pappers stick sorter . träkäppar

så småningom upphörde på 1980-talet . Antimikrobiell

Q-tips lanserades 1998 . Nya insatser har fokuserat på att göra produkten miljövänligare ,

till exempel att ändra den plast som används för att hålla sig till PET

(polyetentereftalat), som också används för

gör läskflaskor. I november 2011 , dessa nya

Q-tips bekräftades vara biologiskt nedbrytbar .

Termen Q-tips används ofta som ett samlingsnamn för bomull

kompresser . I dag , nästan 26 miljarder Q-tips bomullspinnar

produceras varje år . Men de är inte längre används

exklusivt för spädbarn . Människor använder dem för att tillämpa lim

på hantverk projekt , rensa ut elektroniska apparater , ta bort

smink , rena datorns tangentbord och annan hård - toreach

platser , ta bort smuts och skräp från deras hundar "och

katters yttre öron, damm samlarobjekt, gäller salvor , färg

modeller och mycket mer .

Visste du att?

Användningen av bomullspinnar för att rengöra öronkanalen är associerad

med några mediciriska fördelar och utgör tydliga risker . Det kan

orsakar otitis externa , även känd som simmare öra , en

inflammation i ytterörat och hörselgången , som resulterar

i öronvärk . Det är också en av de vanligaste orsakerna till

perforerad trumhinna , som ibland kräver operation

korrigera.

TANDTRÅD

Tandtråd är gjord av antingen en bunt av tunna nylon

trådar eller plast som teflon eller polyeten , eller en siden

band, och används för att avlägsna mat och plack

från tänderna . Det kan vara smaksatt eller unflavored , vaxat

eller ovaxad . Tandläkare är överens om att tandtråd förutom

tandborstning minskar tandköttsinflammation , som är en tandköttsproblem

orsakas ofta av uppbyggnad av plack , jämfört med tand

borsta ensam.

Levi Spear Parmly , en tandläkare från New Orleans , är

krediteras med att uppfinna den första formen av tandtråd .

Han rekommenderade att man bör rengöra sina tänder

med en tunn silkestråd , i en bok , En praktisk guide till

Hantering av tänder , som publicerades 1819 . Men

tandtråd var tillgänglig för konsumenten förrän

Codman och Shurtleft Company, baserat i Randolph ,

Massachusetts , började producera och marknadsföra humanusable

ovaxad siden tandtråd 1882 . Detta följdes

1896 av den första tandtråd från Johnson & Johnson

Corporation , som startat ett företag som fortsätter även

idag . Den New Jersey - baserade företaget fick den första

patent för tandtråd 1898 . Deras produkt gjordes

från samma siden som används av läkare för att sy

sår . Andra tidiga varumärken ingår Röda Korset , Salter Sill Co , och Brunswick .

Flossing har nämnts i litterär fiktion sedan

början av 20- talet . Till exempel är ett tecken avbildas

använda tandtråd i James Joyces berömda roman Ulysses .

Men tandtråd inte var allmänt användes före andra världskriget . Runt

den här gången , amerikansk Dr Charles C. Bass utvecklade nylon

tandtråd , förmodligen för att de japanska hade avbröt

USA: s leverans av silke . Han fann att nylontrådenvar bättre

än silke grund av sin större nötningsbeständighet och

elasticitet . Efter detta , tandtråd blev snart mycket populär i

USA. Användningen av nylon tillåts också för utveckling

av vaxad tandtråd på 1940-talet och tand band på 1950-talet .

Bas ledade också och främjat Bass Teknik

Tandborstning . På grund av detta , är han ibland betecknas

till som Fadern av förebyggande tandvård .

Sedan dess har den variation i tandtråd produkter

utökats med nyare material som Gore - Tex ,

och olika texturer som svampig tandtråd och mjuk tandtråd .

Som svar på miljöhänsyn , tandtråd gjord av

biologiskt nedbrytbara material finns också. Andra nya

produkter inkluderar tandtråd med styva ändar , vi ket är

utformad för att göra tandtråd lätta för dem med hängslen eller

andra tandläkarutrustning .

GLASÖGON

De äldsta bevisen på optisk förstoring går tillbaka

till antikens Egypten . Några egyptiska hieroglyfer från

5: e -talet f.Kr. skildrar enkla glaslinser . Under

1: a århundradet , Seneca den yngre , en handledare av kejsaren

Nero i Rom , skrev : " Letters , hur små och

otydlig , ses förstorad och tydligare genom en

världen eller fy lda med vattenglas " .

Användningen av konvexa linser för att bilda förstorade bilder är

diskuteras i arabiska vetenskapsmannen Alhazen bokar av Optik skriftlig

i 1021. Dess översättning till latin på 12-talet var

avgörande för uppfinningen av glasögon i Italien runt

1286 . Tidiga glasögon var handhållna och bildas från två

konvexa bitar av glas eller kristall . Var och var omgiven av

en ram med ett handtag förbundet med en nit . Den tidigaste

bild bevis är Tommaso da Modena s 1352 porträtt

kardinal Hugh de Provence .

I slutet av den 14: e århundradet , tusentals glasögon

exporterades från land till land i hela

Europa. The Dukes of Milan beställt prestige

Florentine glasögon i hundratal för att ge bort som

gåvor till hovmän och optiker producerade både konvexa och

konkava linser av olika styrkor i stora mängder . Men det var först år 1604 som forskare Johannes Kepler publicerade

den första riktiga förklaring av hur konvexa och konkava

linser korrigerade långt och närsynthet (presbyopi

och myopi , respektive). Den amerikanska polymath ,

Benjamin Franklin , som led av både närsynthet och

ålderssynthet , uppfann progressiva glasögon på 1780-talet . irriterad på

att ständigt byta glasögon , skär Franklin hans

läsglasögon i hälften och smält dem med sin distans

glasögon . I maj 1785 skrev han : " När jag bär mina glasögon

hela tiden , jag har bara att flytta mina ögon upp eller ner , eftersom jag

vill se klart långt eller nära , de rätta glasögonen är

alltid redo . " De första linser för att korrigera astigmatism

konstruerades av den brittiska astronomen George Airy

1825 .

Tidiga okular antingen handhållna eller pincené , som

fixeras på näsan genom tryck . Moderna ramar hade

utvecklats av 1727 , möjligen av den brittiska optiker

Edward Scarlett , men lyckades inte förrän i början

19-talet .

I början av 20- talet , Zeiss utvecklade Punktal

sfäriska punkt - fokus objektiv som dominerade monokel

linser för många år . Idag , långvariga glasögonbågar

tillverkad av form metallegeringar är allmänt tillgängliga . Dessa

ramar återvände till sin rätta form efter att böjas .

HÖRAPPARATER

Det första beviset på en hörapparat är i en bok , med titeln

Magiae Natura is (Naturlig Magi) , som publicerades år 1588 .

I denna volym , italienska författaren Giovanni Battista Porta

diskuterar trä hörapparater snidade i formar av

öron som hör ti l djur med god hörsel , som t.ex.

katter . Under 1600-talet och 1700-talet , hörapparater trumpeter

var populära . De var bred vid en ände för att samla in ljud,

smalt vid den andra änden för att rikta förstärkta ljudet in i

öra , och gjorda av djurhorn , snäckskal , glas , och senare

koppar och mässing. Ludwig van Beethoven var en anmärkningsvärd

användare av hörapparat trumpeter .

Under 1700-talet , var benledning upptäcktes . Detta

processen sänder ljudvibrationer direkt genom

skalle till hjärnan. Små solfjäderformade anordningar placerades

bakom öronen för att samla in ljudvågor och rikta dem

genom de små benen bakom örat. Den första fullskalig

tillverkare av hörapparater var Fredrik Rein av

London år 1800 . Han producerade örontrumpeter, hörsel fläktar ,

och konversation rör.

Under 19-talet , dolda eller osynliga hörapparater

blev populär. De blev dekorativa tillbehör ,

integreras i soffor , kragar , frisyrer och kläder . Några försökte gömma dem i helskägg . Medlemmar i

royalty hade även hörapparater inbyggda direkt i deras troner ,

med speciella slangar som ingår i armstöden för att samla in

röster knäböjande ämnen. Dessa kanaliseras in

en särskild eko-kammare och förstärks innan nya

från öppningar nära monarkens huvud .

De första elektroniska hörapparater byggdes efter

Alexander Graham Bell uppfann telefonen 1876 .

Bell elektroniskt förstärkt ljud i sin telefon med hjälp av

ett kol mikrofon och batteri . Detta koncept var

antagits av hörseltillverkarestöd. En av de första

dokumenterade bärbara hörapparater var av JC Chester

från Montana . Dessa hörapparater var besvärligt

lådor som innehåller synliga ledningar och den tunga batteriet

varade bara några timmar . År 1899 , Miller Reese Hutchison

av Akouphone bolaget patenterade den första praktiska

elektrisk hörapparat med användning av ett kol -sändare och

batteri. Det var så stor att den var tvungen att sitta på ett bord .

Ytterligare utveckling av hörapparater har fokuserat på

miniatyrisering, först med användningen av vakuumrör ,

då transistorer , och slutligen integrerade kretsar . Zenith

anserade den första all transistor hörapparat 1952 . Idag ,

programmerbara helt digitala hörapparater är tillräckligt små

för att passa bekvämt bakom örat .

NAIL POLISH & REMOVER

Färgning av naglar går ända tillbaka till det gamla Kina

och Japan . De gamla egyptierna färgas också spikar med

henna , medan Inkas dekorerade sina naglar med

bilder av örnar . Europeiska porträtt från den 17: e

och 18-talen visar blanka , polerade naglar . av

i början av 19-talet , var spikar som tonad

med doftande röda oljor och sedan polerat el er poleras med

ett sämskskinn , snarare än att bara polerad . Europeiska

och amerikanska kokböcker av 19-talet hade även

riktningar för att göra spik färger . Sedan i den 19: e och

tidiga 20-talen , naglar gick tillbaka till att vara polerad

snarare än målade. Folk masse tonade pulver och

krämer i sina naglar och sedan kratsade dem blanka .

The Northam Warren Company i Stamford , Connecticut ,

lanserade Cutex 1911 . Produkten var en nagelband extrakt ,

därav namnet cut -ex . Cutex producerade de första spik färgtoner

1914 . 1917 , introducerade de första färgad vätska

nagellack genom att anpassa bil lack . 1925 ,

flytande nagellack dominerat marknaden . År 1928 , Cutex

introducerade en acetonbaseradremover som var säker för

hemmabruk och ökad försäljning av nagellack bland

unga kvinnor . Charles Revson , hans bror Martin

Revson och en kemist namnen Charles Lachman startade Charles Revson Company i New York . Arbete

för dem var en fransk make- up artist som heter Michelle

Menard . Menard inspirerades av emaljen som används för

måla bilar och undrade om samma teknik kunde

användas för att skapa långvariga nagellack. Grundarna av

företaget trodde att denna produkt hade potential , och

upprätta en fabrik för att tillverka den . Företaget bytte namn

själv Revlon , där "L" stod för Lachman , och började

sälja den första moderna nagellack 1932 genom skönhet

och frisörer . Senare införde läppstift för att matcha

nagellack och med 1937 , började sälja sina produkter

genom avdelning och droghandel . Både Cutex och

Revlon fortfarande stora varumärken i dag .

Den vanligaste typen av nagellacksbort idag fortfarande

använder aceton , som är kraftfull och effektiv , men hårda

på hud och naglar. Den kan också användas för att avlägsna artificiella

spikar , som van igtvis är gjorda av akryl . Den gemensamma

alternativ är helt enkelt kallas icke - aceton nagellack

remover och oftast innehåller etylacetat . Detta är en mindre

aggressiva lösningsmedel och kan därför användas för att ta bort spik

polish från konstgjorda naglar . De hälsoproblem i samband

med dessa flyttpersonal har lett till att den nyligen införda

helt naturliga cch biologiskt nedbrytbara produkter .

SPRUTOR

Spruta Ordet kommer från det grekiska ordet σuριγξ

(syrinx) betyder röret. Den äldsta kända användningen av sprutor

var i Indien , dä° stora sprutor fortfarande används för att spruta

färgat vatten under den hinduiska festivalen Holi . Den

första kolv sprutor för medicinskt bruk, såsom nasala sprutor ,

utvecklades under romartiden . I den 9: e århundradet e.Kr. ,

den irakiska / egyptisk kirurg Ammar ibn ' Ali al - Mawsili '

skapade en spruta med hjälp av en ihålig (injektion) nål , en

ihåligt glasrör , och sug för att avlägsna grå starr från

patienternas ögon . År 1844 , irländsk läkaren Francis Rynd

återuppfunnit den ihåliga nålen och använde der för att göra den

första inspelade subkutana injektioner .

Den första sprutan patent av John och Fredrik Weiss var

tas ut 1824 och 1851 respektive . Alexander Wood ,

en skotsk läkare , uppfann den medicinska injektions

spruta 1853 . Det kombinerade en spruta metall med en

ihåliga spetsig nål fina nog att tränga igenom huden

utan att skära en öppning . Dr Wood arbete visade

att injektionssprutor var användbara inom medicinen .

Ungefär samtidigt , Charles Pravaz , en kirurg från

Lyon, Frankrike , oberoende utvecklat en liknande anordning

som blev populär som Pravaz spruta . Den hade en kolv som drivs av en skruv så att han kunde administrera exakta doser .

En annan fransk kirurg , LJ Béhier , gjorde Pravaz s

uppfinning känd i hela Europa .

BD , eller Becton , Dickinson and Company , en medicinsk

instrumentfirma, bildades 1897 . I oktober samma

året sålde de sin första Luer helt i glas injektion

spruta. I slutet av 1800-talet , sådana sprutor var allmänt

tillgängliga men det fanns inte många injicerbara läkemedel på

marknaden. Då, 1921 , var insulinet upptäcktes . Det hade till

injiceras direkt i blodet , och detta skapade

en ny marknad för injektionssprutor . B.D. började sälja

en spruta insulin för diabetiker 1924 .

År 1946 Chance Brothers i Birmingham , England ,

producerade den första all - glasspruta med utbytbara

fat och kolv , som förenklade mass sterilisering

av sprutor. År 1954 , B. D. skapade den första massproducerade

engångsspruta och nål. Den utvecklades för mass

administration av den nya Salk poliovaccintill amerikanska

barn. År 1955 , Roehr produkter introducerade Monoject ,

der första engångsinjektionssprutaav plast,

följt av B.D. med Plastipak , 1961 . Plast

sprutor snart ersatt glas dem på marknaden . nu

företag utvecklar mikro sprutor för smärtfritt

leverera exakt kontrollerad mängder narkotika .

SO_GLASÖGON

Forntida Inuit människor , mer känd som eskimåer , bar

Glas av tillplattad valross elfenben att blockera sol

bländning . Dessa glasögon hade smala slitsar för att titta igenom .

So glasögon från platta rutor av rökkvarts , som

även skyddade ögonen från bländning , har används i

Kina av 12-talet . Dokument beskriver också

användninger av sådana kristall solglasögon av domare i antikens

Kinesiska domstolar att dölja sina ansiktsuttryck medan

förhör vittner .

Engelsk optiker James Ayscough började experimentera

med tonade lnser i glasögon runt 1752 . Ayscough

trodde att blå eller grön - tonade glas kunde korrigera

specifika dålig syn . Färgade glasögon fortsatte

vara medicinskt föreskrivna hela 19-talet .

I början av 1900-talet , att använda solglasögon blivit mer

utbredd , särskilt bland filmstjärnor . Det är allmänt

antas att detta var att undvika igenkänning av fans, men

det kan också ha varit att skydda sig från den

kraftfulla båglampor som används på samtida filminspelningar .

Sam Foster introducerade billiga massproducerade

solglasögon till Amerika i 1929. Foster hittat en färdig

marknad på stränderna i Atlantic City , New Jersey , där han började sälja solglasögon under namnet Foster Grant .

Solglasögon var snart ett raseri .

På 1930-talet , USA Army Air Corps

beställt den optiska firman Bausch & Lomb till

producera glasögon som skulle skydda piloter från

farorna med hög höjd bländning . De skapade en sunglassspecific

företag som heter Ray - Ban , kort för att förbjuda

solstrålar , för att skapa den första flygare stil solglasögon.

Polariserade solglasögon blev tillgängliga först under 1936 , då

Amerikanske uppfinnaren Edwin H. Land började experimentera

med polariserade linser . Ray - Ban utformade bländskydd flygare

utformar solglasögon 1936 med hjälp av delstatens teknik . de

använde en något hängande ram för att maximalt skydda en

flygare ögon , som behöver blick upprepade gånger nedåt

mot planets instrumentpanel. Flygblad emitterades

Dessa Ray - Ban Aviator solglasögon utan kostnad och

allmänheten började köpa dem 1937 .

Man tror att solglasögon blev verkligen "cool" under

Världskriget . Den wayfarer stil , den mest sålda solglasögon

design i historien , född 1953 . En smart reklam

kampanj av Foster Grant på 1960-talet , med hjälp av Hollywood

kändisar och tagline vem som ligger bakom dessa Foster Grants ?

bidragit till att göra solglasögon ännu mer fashionabla .

RAKKRÄM

En primitiv form av rakkräm dokumenterades i

Sumer omkring 3000 f Kr . En kombination av trä alkali

och animaliskt fett tillämpades för skägg som en rakning

beredning, liknande det sätt päls avlägsnades från

djurhudar . De gamla egyptierna var bland de

första kulturer att ta rakning på allvar ; de använde djur

fetter och cl or som smörjmedel för rakhyvlar av brons .

Grekiska och romerska frisörer används ofta o jor eller tvål när

svingar järn rakhyvlar . Det var lite längre avancemang

i rakning eller rakning tvålar tills 1700-talet .

Under 1800-talet , höga skumtvålarfram som en specialiserad

produkt som skall användas endast för rakning. Sådana raktvålar

syftade till att skapa en styvare , längre livslängd lödder

än vanliga tvålar . Den visades först omkring 1840 ,

när Vroom och Fowler i New York började sälja en

koncentrerad tvål som skummade . De döpte den Valnöt

Olja Military Raktvål . I början av 1900-talet , amerikanska

botanist och uppfinnaren George Washington Carver skapat

en kräm som var lätt att förvara och lathered snyggt ,

vilket gör att rakhyveln att glida smidigt över huden .

Traditionella rakning tvålar är fortfarande tillgängliga idag från

sådana beslutsfattare som The Art of Shaving , Crabtree och Evelyn ,

och Geo . F. Trumper . År 1919 , Frank Shields , en före detta MIT professor , utvecklat

Barbasol den första raklödder. Den innovativa produkten

erbjuds män ett alternativ till att använda en borste för att arbeta

tvålen i lödder. Den Barbasol formel var ursprungligen en

tjock lotion som har utformats för att ge en bekväm

rakning för män med tuffa skägg och känslig hud som

själv. Dess namn kommer från en kombination av det latinska

Ordet barba , som betyder skägg , och lösning . Idag Barbasol

fortsätter att vara en av de bästa märken av rakningsprodukter,

framför allt i USA .

Burma -Rakning , en annan tidig borstlös , pre - lathered rakning

kräm , introducerades i USA av Burma - Vita

företag 1925 . Den växte snabbt populär för sin bekvämlighet

och berömda rimmade skyltar som kantade amerikanska

motorvägar . En av de mest populära märken av rakkräm

i Indien är Godrej . Den första Godrej rakning produkt var

rakning pinne , som introducerades 1932 .

Världskriget bidrog till uppfinningen av den trycksatta

sprayburk. Den första burk under tryck rakkräm

var Rise , som introducerades av Carter - Wallace , en

Amerikansk personlig vård med huvudkontor i New

York , 1949 . Aerosol rakkräm fångade nästan

en femtedel av marknaden för rakning förberedelser inom en

kort tid och har dominerat den sedan 1960-talet .

TANDKRÄM

Egyptierna använde en pasta för att rengöra sina tänder runt

5000 f.Kr. , mycket innan tandborstar uppfanns . Detta

tand kräm nog smakade hemskt , eftersom den innehöll

pulveriserade aska från oxar hovar , myrra , brär da äggskal ,

pimpsten och vatten. En mycket senare egyptiska papyrus , daterad

4: e talet , har en annan formel som består av

mosade bergsalt , mynta , iris , och svartpeppar .

Gamla grekerna och romarna använde tandkräm till vilka

de lagt slipmedel såsom krossade ben och ostron

skal. Romarna lade också smak att hjälpa till med

dålig andedräkt . De gamla kinesiska använde en mängd olika

ämnen , bland annat ginseng , växtbaserade myntverk , salt , och

och med kruz . I den 9: e århundradet , den persiska polymath

Ziryab uppfunnit en typ av tandkräm som han populariserade

hela islamiska Spanien . Det var förmodligen både

funktionell och behaglig smak , men dess exakta sammansättning är okänd.

Tandkräm och pulver kom i allmänt bruk i

19-talet i Storbritannien och andra länder . De flesta var

fortfarande hemlagad , med krita , pulveriserat tegel , eller salt som

ingredienser . By 1900 , en pasta gjord av väteperoxid och

bakpulver rekommenderades för användning med tandborstar . Pre - blandade tandkrämer var först
saluförs i den 19: e

talet , men tandpulverförblev mer populär förrän

Världskriget Andra 19th century innovationer ingår

sätta glycerin för smak , och strontium för att stärka

tänder . År 1873 , Colgate & Company , som grundades av William

Colgate i New York år 1806 , började massproducera

den första tandkrämen i en burk. År 1892 , Dr Washington W.

Sheffield i New London , Connecticut , tillverkat

den första tandkrämen i hopfällbara rör och sålde den som Dr

Sheffields Creme Dentifrice . Han fick idén efter sin son

såg målare i Paris klämma färg ur rören .

De ursprungliga hopfällbara tandkräm rören gjordes av

bly , som lakas ut i pastan och ibland orsakat

blyförgiftning . Detta faktum , i kombination med en bly- brist

under andra världskriget , ledde till att de ersatts med

laminerade (aluminium , papper och plast) rör från

1940-talet och helt plaströr idag .

Fluor tillsattes först till tandkrämer i 1890-talet för

förebygga karies . Men det var först 1955 som Procter

& Gamble lanserade Crest , den första kliniskt beprövade

fluoridhaltig tandkräm. Randig tandkräm, med

två olika färger , uppfanns av en New Yorker

vid namn Leonard Marraffino 1955 och första marknadsförs av

Unilever som Stripe i början av 1960 .

Nagelklippare & FILER

Nagelsaxar , även kallad nagelsaxaroch nagelsaxar , är

van igen tillverkade av rostfritt stål men kan också göras av

plast eller aluminium . Det finns två vanliga typer - de

ranzör och föreningen spaken. De flesta nagel rivare komma

med ett annat verktyg fastsatt, vilken används för att ta bort smuts

från spik . De ofta också innehålla en miniatyr -fil för

manikyr ojämna kanter skurna naglar .

Uppfinnaren av spiken fräs är egentligen inte känd och

liknande anordningar har använts sedan urminnes tider . Den

första amerikanska patentet för en förbättring av en nagel trimmer ,

vilket innebär att en sådan anordning redan fanns, verkar

har beviljats 1875 till Valentine Fogerty i Boston ,

Massachusetts. Fogerty anordning krävs för användaren att placera

fingret i en konkav hålighet med ett blad vid ena änden och

såg helt annor unda från moderna Clippers . andra patent

till förbättringar i naglar Saxar gjordes

under de närmaste åren av amerikanska uppfinnare såsom

William Edge , John Hollman , Eugene Heim och Celestin

Matz , George Coates och Kapell Carter . Omkring 1928 ,

Carter, som blev ordförande i H.C. Cook Företag

av Ansonia , Connecticut , hävdade att deras Gem nagel

saxen gjorde sitt första framträdande redan 1896. Övriga tidigt

Amerikanska tillverkare inkluderar L.T. Snö Företag och kungen Klip Company i New York .

År 1947 , William E. Bassett , som hade startat WE Bassett

Företag i Derby , Connecticut , 1939 , utvecklat

Trim nagel cutter . Det var det första som ska göras med hjälp av modern

tillverkningsprocesser , anpassade från de metoder

används av hans företag för att göra artilleri komponenter för

US Army under andra världskriget . Den använde den överlägsna jawstyle

design som hade funnits sedan 19-talet

men lagt till två spetsar nära basen av filen för att förhindra

sidorörelse av hävarmen när den var stängd,

ersatte den nålas nit med en tandad nit , och tillade

en patenterad tumme - väja i spaken . Denna konstruktion fortfarande

dominerar på marknaden idag.

I slutet av 1940-talet , introducerade Bassett high - end

Croydon nagel cutter , som var stämplat med en clippership

emblem och främjas i Esquire magazine för

smycken butikshandeln. Tyvärr var Croydon

inte är kommersiellt framgångsrika . Men W.E. Bassett fortsätter

att vara en stor tillverkare av personlig skönhet verktyg .

Deras Trim produktlinje har nu vuxit till att omfatta mer

än 150 produkter . Andra moderna tillverkare inkluderar

Evenflo (Kina) , 777 (Three Seven , Sydkorea) , och DOVO

Solingen (Tyskland).

TOALETTPAPPER

Den första dokumenterade användningen av toalettpapper i mänsklighetens historia

går tillbaka till 6: e talet , i Kina . År 589 e.Kr. , den

lärd - tjänsteman Yan Zhitui skrev : " böcker som det

är citat eller kommentarer från de fem klassikerna eller

namnen på vise , vågar jag inte använda för toalettändamål" .

Kineserna var tillverka toalettpapper på en

industriell skala av medeltiden . Under det tidiga 14: e

talet , var provinsen Zhejiang enbart tillverka tio

miljoner paket varje år . År 1393 , under Ming

Dynasty , 15.000 ark speciellt parfymerade , soft - tyg

toalettpapper gjordes för kejsar Hongwu imperialistiska

familj. Den kejserliga hovet i Nanjing används också om

720.000 ark toalettpapper årligen. Den 16-talet

Franska satirical författare François Rabelais skrev om toalett

papper i hans roman - sekvens Gargantua och Pantagruel .

Här Gargantua avfärdar användningen av papper som ir effektiv ,

rimmade att : " Vem hans foul svans med pappersserveter, Skall

vid hans TESTIKLAR lämna några marker . "

Amerikansk Joseph Gayetty anses allmänt vara den

uppfinnare av modern kommersiellt tillgänglig toalett

papper 1857 . Hans Medicated Paper hävdade att förhindra

hemorrojder och såldes i paket med platt blad vattenstämpel med uppfinnarens namn . uppfinningen

av rullade och perforerat toalettpapper tillskrivs

Albany perforerat Wrapping Paper Company 1877 och

till Scott Paper Company 1879 . 1928 , den Hoberg

Paper Company i Green Bay , Wisconsin , infördes

Charmin , ett annat populärt märke .

År 1942 introducerade St Andrews Pappersbruk i Storbritannien mjukare

två -lagers toalettpapper. Ett skämt som gjorts av amerikanska TV- värd

och komikern Johnny Carson 1973 uppmanas tittarna

att köra ut till butikerna och börjar hamstra , skapar en

artificiell toalettpapper brist .

Idag är 26 miljarder rullar toalettpapper som säljs årligen i

America med ett genomsnitt på 23,6 rullar per capita ett år ,

eller 57 ark per dag . Kvinnor tenderar att använda betydligt mer

toalettpapper än män .

Visste du att?

Forty - nine procent av enkät responders valde toalett

papper som enda nödvändighet de vill ta på sig en

öde ön .

Den amerikanska militären använt toalettpapper för att dölja sina tankar

i Saudiarabien under det första Gulfkriget .

LÄKEMEDELS KAPSLAR

Idag finns det två huvudsakliga typer av läkemedelskapslar,

hårdskaliga , som används för torra, pulverformiga ämnena, och

mjukt skal , som används för oljiga vätskor . År 1834 , en fransk

apotek vid namn Francois Mothes och hans

partner , apotekare Joseph Dublanc , uppfann en metod

för framställning av ett stycke mjukt gelatinkapslar förseglade

med en droppe av gelatinlösningen. De använde järnformar

att göra sina kapslar och fyllde dem individuellt med

en medicin dropper

Mothes och Dublanc patenterade mjuka kapslar , både fyllda

och tom , blev genast populär i Frankrike .

Men de slutade sälja tomma kapslar 1837 . Den

Resultatet blev en växande efterfrågan på tomma kapslar och

fanns det flera försök att övervinna patentet genom

skapar nya mönster . 1846 , parisisk apotekare Jules

Lehuby uppfann tvådelade hårda kapslar bestående av

lappande mössa och bakst liknande de som används

idag . Skalen gjordes ursprungligen av stärkelse eller tapioka

sötad med sirap. James Murdock i London var

beviljats en brittisk patent 1848 för första tvådelade

hård kapsel tillverkad helt i gelatin . Murdock , som

var ett patentombud , kan ha varit tillförordnad Lehuby .

Hårda kapslar gjordes ursprungligen i två delar och sedan sammanfogade för hand. Men det var svårt att få tillräcklig precision för att göra delarna passar ordentligt . År 1913 ,

den Colton Company i Detroit , Michigan , uppfann

staplaren maskin i samarbete med det amerikanska

läkemedelsföretaget Eli Lilly för att lösa detta problem .

Maskinerna som gör hårda kapslar idag bygger

på sin uppfinning.

All modern mjuk - gel inkapsling är baserad på ett förfarande

utvecklats av produktiv amerikansk uppfinnare Robert Scherer ,

1933. Han använde en roterande form för att framställa kapslarna

och fyllde dem genom formblåsning . Denna metod reducerade

slöseri och producerade kapslar med hög repeterbarhet

doseringar . Scherer arbetade i sin fars källare metall

handla för tre år att utveckla sin maskin . Han sedan

bildade Gelatin Products Company för att marknadsföra sin

uppfinning. Det nya bolaget blev genast framgångsrikt

och blev RP Scherer Corporation 1947 . Den

nuvarande ägaren av RP Scherer -tekniken är Catalent

Pharma Solutions, världens största tillverkare av

Gelékapslar .

Visste du att?

Gelatin är tillverkad av kollagen som skördats från

djurhud eller ben . Detta är ett problem för vegetarianer,

veganer , och de observera vissa religiösa lagar , och

så vegetariska gel kapslar finns nu tillgängliga .

LÄPPSTIFT

Forntida mesopotamiska kvinnor var kanske den första som

uppfinna och bär läppstift . De använde krossade ädelstenar ,

röd lera , rost , henna , och tång för att dekorera sina läppar .

Gamla egyptierna skapade en djup lila läppstift från

tång , jod och brom mannit som var mycket

giftigt och orsakade allvarlig sjukdom . Kleopatra VII , som

regerade 50-31 f.Kr. , använde läppstift gjord av krossad

cochineal insekter , som ger ett djupt rött pigment känd

såsom karmin . Läppstift med en skimrande effekt som ursprungligen

använde en pearly ämne som finns i fiskfjäll .

Under medeltiden , den anmärkningsvärda arabiska kosmetolog

och kirurg Abu al - Qasim al - Zahrawi (Abulcasis)

uppfunna fasta läppstift , som var parfyme pinnar

rullas och pressas i speciella formar . Men i medeltida

Europa var läppstift vara en inkarnation av Satan

och förbjöds av kyrkan .

Lip färg började återfå viss popularitet i 16: e

talets England där klarröda läppar och en skarp vit

ansikte blev på modet . Men i den 17: e talet , läppstift

och annan kosmetika gick ur modet igen . År 1653,

en engelsk pastor vid namn Thomas Hall ledde en rörelse

proklamera att måla ansikten var djävulens verk . År 1770 var ett lag även antogs av det brittiska parlamentet att uppgav att äktenskap skulle ogiltigförklaras om kvinnan

bar kosmetika innan hennes bröllopsdag .

Tidigare kosmetika fortsatt oacceptabelt för respektabla

Europeiska kvinnor men attityder började förändras i

1850-talet och den första kommersiella läppstift uppfanns

1884 av parfymtillverkare i Paris . Den var täckt av silkespapper

och är tillverkade av rådjur talg, ricinolja och bivax. Vid

den tiden var läppstift säljs i papper rör , tonade papper , eller

små krukor . James Bruce Mason Jr i Nashville , Tennessee ,

patenterade den moderna sväng - up läppstift rör 1923 .

År 1927 uppfann franska kemisten Paul Baudercroux en

formel kallas Rouge Baiser . Detta var den första långvariga

läppstift. Ironiskt nog Rouge Baiser var alltför långvariga ! det var

så svårt att ta bort att det förbjöds från marknaden .

I slutet av 1940-talet , Hazel biskop , en organisk kemist i New

York , som genomfördes under tre hundra experiment med

olika läppstift prototyper i hennes kök . Hon småningom

skapade den första moderna långvariga , icke - smetar läppstift ,

heter No - Smear . År 1950 bildade hon Hazel biskop Inc. till

främja hennes kyss säker uppfinning , som marknadsförs som " håller på dig

... Inte på honom " . Hennes företag frodades och snart lockade

konkurrenter som Revlon . Idag smaksatt och organiska

läppstift blir populära .

chapsticks

Människor har utforma lösningar för nariga läppar

sedan urminnes tider . Kinesiska register visar att en form

av läppbalsamanvändes redan på östra Han

dynastin (25-220 e.Kr.) . Ett tidigt till mitten av 18- talet

Amerikansk bok beskriver ett botemedel mot nariga läppar för

ammande mödrar :

Bota Chopt Lipps & c. .

Ta 2oz : av Bivax & cutt den i bitar eller bitts & 1

Gill av god söt oyl i n den över en Clear eld när

Upplöst häll det i en Clear Bason & det kommer att bi när

Coal'd en Oyntmert bra för ömma bröstvårtor också något

Ting av det slaget.

I början av 1880-talet , Dr Charles Browne Fleet , en amerikansk

läkare från Lynchburg , Virginia , uppfann Chapstick

som ett läppbalsam . Hans lokalt säljas, handgjord produkt

liknade en wickless ljus inslagna i folie . År 1912 ,

John Morton köpt rättigheterna till produkten för fem

dollar och startade produktionen av den rosa Chapstick

i hans kök . Hans verksamhet var så framgångsrik att

Intäkterna från försäljningarna användes för att grunda Morton

Manufacturing Corporation . År 1963 förvärvade AH Robins Företag Chapstick

från Mortons . På den tiden , bara Chapstick Lip

Balm vanlig pinne var marknadsförs till konsumenter .

Därefter har många fler sorter introducerats .

Dessa inkluderar fyra Chapstick Lip Balm smaksatt pinnar

i 1971 , Chapstick Solkräm 15 i 1981 , Chapstick

Vaselin Plus 1985 , och Chapstick Medicated

1992 . amerikanska skidåkare Suzy Chaffee var en talesman

för varumärket på 1970-talet och blev känd som Suzy

Chapstick . Tidigare amerikanska ski racer Picabo Street är nu

vanligen ses på deras tv-reklam .

Chapstick ägs nu av Pfizer , som sålde

produktionsanläggning i Richmond , Virginia , under 2011 till

Fareva , ett franskt företag som nu tillverkar och

paket chapsticks för Pfizer .

Visste du att?

År 1972 var Chapstick rör modifierats med dold

mikrofoner och använts av Vita huset agenter G.

Gordon Liddy och E. Howard Hunt när de bröt

i Demokratiska nationella kommittén högkvarter

på Watergate kontorskomplex i Washington , DC . Den

resulte skandal ledde så småningom till avgång

Richard Nixon den 9 augusti, 1974 - den enda avgång

av en amerikansk president hittills.

LÖSTÄNDER

Det äldsta belägg för tandproteser eller löständer hittades

av arkeologer i Mexiko . De hittade ett skelett , dejta

tillbaka till 2500 f.Kr. , vars framtänder har mark

ner , antagligen för att göra plats för tandproteser gjorda av varg

tänder . Omkring 700 f.Kr. , etruskerna i norra Italien gjorde

proteser av människo-eller djurtändersom var anslutna

med guldtrådeller band . Dessa försämrades snabbt , men

var lätt att framställa. Det fanns lite ytterligare framsteg

till det 18th århundradet . Proteser var inte vanligt och

saknade tänder var normen även bland adeln .

Drottning Elizabeth I av England satte vitt tyg i luckorna

att se bättre ut offentligt.

Den äldsta kompletta protesen är tillverkad av trä och

går tillbaka till 16-talet Japan . Under den 18: e

talet , europeiska tandläkare använt valross , elefant , och

flodhäst elfenben för att göra tandproteser plattor i vilka

tänder kunde förankras . Men de blev attackerade av den

syror i saliv , smakade hemskt , och snart ruttnat . Dessutom

tidiga proteser måste tas bort innan man äter , eftersom de

var inte säker nog att tugga med .

Den första amerikanska presidenten , George Washington , hade tandproteser

gjord av snidade flodhäst elfenben till vilken människa , häst och åsna tänder var inpassade . Däremot var de

mycket smärtsamma och förvrängda munnen. På grund av detta

hans andra installationstal var den kortaste av alla amerikanska

President hittills - det varade bara 90 sekunder !

Döda män tänder blev populär för proteser och var

lätt tillgängliga i krigstider . Till exempel , efter slaget

i Waterloo , det fanns ett överflöd av Waterloo tänder plockade från

soldaternas lik på slagfältet . Under den amerikanska

Inbördeskrig , fat sådana tänder skeppades tillbaka till

Europa. Tänder också extraherats från avrättade brottslingar ,

stulits av gravplundrare , eller till och med köpt från de fattiga .

De första porslins proteser gjordes omkring 1770 av

Alexis DUCHATEAU , en fransk apotekare . Efter flera

misslyckanden , skapade han en praktisk design som blev mycket

populär. Men de var benägna att chip och såg

för vit för att vara övertygande . Hans före detta assistent Nicholas

De Chemant fick det första patentet för proteser 1791 .

År 1820 , Claudius Ash i London började tillverkning

förbättrade porslins proteser monterade på 18 - karats guld

plattor. Från 1850-talet , Vulcanite , en form av härdat

gummi , började ersätta guld , vilket avsevärt minskat

kostnader. I början av 20- talet var tandproteser gjorda

från akrylharts och andra plaster. I dag tar de fullt

nytta av nya legeringar och plast .

deodoranter

En stor mängd olika deodoranter har använts sedan

antiken . De gamla egyptierna ägnat sig åt parfymerad

bad , medan de gamla grekerna och romarna ofta

använda parfymer och aromatiska oljor . Men med nedgången av

Rom , den förkärlek för bad var också förlorad . Ibland

berg salter användes som en deodorant i delar av Asien . I

den 9: e århundradet , den arabiska eller persiska polymath Ziryab

införda deodoranter i moriska Spanien .

Den första kommersiella deodorant , mamma , infördes

och patenterades 1888 av en okänd amerikansk uppfinnare .

Mamma var ursprungligen en zinkklorid och vax pasta eller

grädde. Detta följdes snart av Everdry en aluminium

kloridbaseradantiperspirant .

By 1900 , tillsammans med många antiperspiranter i en mängd olika former

från pastor, pinnar, dabbers , pulver och krämer till

roll-ons var tillgänglga på markraden. Men kroppslukt

ansågs vara en privat fråga och de flesta gjorde

inte använda dem . Det tog smart reklam för konsumenter

övertygas om deras fördelar . Kampanjen för en

antiperspirant som heter Odorono , designad av en före detta

dörr - till - dörr bibelförsäljare vid namn James Young , var

viktigt i detta avseende . Den porträttkroppsluktsom ett socialt faux pas att ingen direkt skulle berätta var

ansvarig för din impopularitet , men som de var

gärna skvaller bakom ryggen om .

Deodoranter blev populär bland kvinnor i

1920 , men män fortsatte att associera kroppsluktmed

manlighet . Så reklam började rikta män genom

jagar sin osäkerhet , som att förlora sitt jobb på grund av

till kroppen lukt . Det var en fruktansvärd utsikter under

Stora depressionen . Top - Flite , den första för män deodorant ,

lanserades 1935 och förpackad i en svart flaska .

En annan manlig deodorant , Sea - Forth , såldes i keramik

whisky kannor att framstå som maskulin som möjligt.

I slutet av 1940-talet , Edward Gelsthorpe föreslog design

en deodorant applikator baserat på kulspetspennor . Hans idé

utvecklades av kemisten Helen Diserens . År 1952 , Bristol -

Myers började marknadsföra det som Ban Roll - On . Produkten var

en framgång , även om många manliga konsumenter undviker dem

eftersom hår under armarna fastnade i applikatorer .

Amerikansk uppfinnare och kosmetisk kemist Dr Jules

Bernard Montenier patenterade den moderna formuleringen

av antiperspirant 1941. Gillette Right Guard var

den första aerosol antiperspirant i början av 1960 . Idag .

cirka 95 procent av amerikanerna använder deodorant .

LÄSTIPS

. 1 The Kid Vem uppfann Popsicle : And Other

Överraskande Berättelser om uppfinningar av Don L. Wulffson ,

pocketbok - 128 sidor (1999), Puffin .

2 . Misstag som arbetat med Charlotte Foltz Jones och

John O'Brien (illustratör) , paperback - 48 sidor (1994) ,

Doubleday .

3 . Panati s Extra Origins of Everyday Things by

Charles Panati , pocket - 480 sidor , reissue upplagan

(September 1989) , Harpercollins .

. 4 Utvecklingen av användbara saker : hur vardags Artifacts

- Från Forks och Pins till gem och Zippers - Came

att vara som de är av Henry Petroski , pocket - 304

sidor (1994) , Vintage .

www.ingramcontent.com/pod-product-compliance
Lightning Source LLC
Chambersburg PA
CBHW051648170526
45167CB00001B/372